高等学校教材

特种声光技术

主　编　崔　莹
编　者　（按姓氏笔画排序）
　　　　门高天　石福丽　李其祥　罗　雷
　　　　周紫娟　赵　宇　常　委　崔　莹
校　对　周紫娟　赵　宇

西北工业大学出版社
西安

【内容简介】 本书对特种装备领域中应用最广泛的两类学科——声学和光学，分为两篇分别进行介绍；内容主要涵盖装备中经常会应用到的声学和光学领域的理论与概念，并结合基本原理和技术特点介绍声学技术和光学技术在装备领域里的典型应用，阐明技术与装备特点之间的关联，着眼声光类高新技术装备的迅猛发展。为使教材具备前瞻性，本书还设计了介绍声学和光学前沿技术的章节，内容紧跟国内外最新研究成果，以启发读者深入思考声光技术在特种装备应用方面的发展趋势。

本书可作为高等学校装备保障管理（管理科学与工程）专业课程教材，也可供相关领域的专业技术人员参考、使用。

图书在版编目(CIP)数据

特种声光技术 / 崔莹主编. -- 西安 : 西北工业大学出版社, 2024.8. -- ISBN 978-7-5612-9359-1

I. O426.3

中国国家版本馆 CIP 数据核字第 2024C31L24 号

TEZHONG SHENGGUANG JISHU

特 种 声 光 技 术
崔莹　主编

责任编辑：杨　兰		策划编辑：杨　军	
责任校对：成　瑶		装帧设计：高永斌　李　飞	

出版发行：西北工业大学出版社
通信地址：西安市友谊西路 127 号　　邮编：710072
电　　话：(029)88491757，88493844
网　　址：www.nwpup.com
印 刷 者：西安浩轩印务有限公司
开　　本：787 mm×1 092 mm　　1/16
印　　张：8.375
字　　数：204 千字
版　　次：2024 年 8 月第 1 版　　2024 年 8 月第 1 次印刷
书　　号：ISBN 978-7-5612-9359-1
定　　价：38.00 元

如有印装问题请与出版社联系调换

前　言

声光技术基础是特种装备发展和应用的基础理论之一,在特种装备研究中具有重要地位。声学技术和光学技术是从事声光武器的设计、使用和管理必备的基础知识。通过对声光技术基础的学习,可以加深军事领域相关人员对现有武器装备的认识,从而指导部队正确使用、维护和修理武器装备。

本书分上、下两篇,共6章。上篇为声学及其军事应用,包括第一至三章。第一章主要介绍声波的分类及基本声学参量,声波的基本性质,声波的反射、折射与干涉等声学基础知识;第二章重点介绍窃听器、声呐、声学雷达、微声枪械、声学武器(次声、超声、强噪声)等在军事领域中的应用;第三章介绍部分声学前沿,包括声纹识别、声学定位与识别。下篇为光学及其军事应用,包括第四至六章。第四章介绍几何光学的基本定律、成像的基本概念与完善成像条件、理想光学系统、平面与平面系统以及人眼的视觉特性等光学基础知识;第五章介绍可见光成像技术、微光技术、红外技术、激光技术等在军事领域中的应用;第六章主要介绍光学前沿,包括多光谱技术、全息技术、光纤技术、紫外光学、微波光子、量子光学等。本书在内容上力求理论联系实际、新颖实用、深入浅出。

笔者在编写过程中做了大量的文献收集、梳理工作,同时多方调研,认真听取有关专家意见,经过数次修改,最终定稿。

本书由崔莹担任主编,具体编写分工:第一章由罗雷编写,第二章由李其祥和周紫娟编写,第三章由常委编写,第四章由门高天编写,第五章由石福丽编写,第六章由崔莹和赵宇编写。本书由周紫娟和赵宇校对。

本书适用于装备保障管理(管理科学与工程)本科专业声光技术课程教学,在教学过程中可根据学时要求对教材内容进行必要的删减,以满足教学需要。此外,本书也可以作为军事装备学研究生或相关专业的工程技术人员的参考书。

由于笔者水平有限,书中难免存在一些疏漏和不足之处,敬请广大读者批评指正。

编　者
2024 年 7 月

目 录

上篇：声学及其军事应用

第一章　声学基础知识 ·· 1
　　第一节　声波的分类及基本声学参量 ·· 1
　　第二节　声波的基本性质 ·· 10
　　第三节　声波的反射、折射与干涉 ·· 14
　　思考题 ·· 17

第二章　声学的军事应用 ·· 18
　　第一节　窃听器 ·· 18
　　第二节　声呐 ··· 20
　　第三节　声学雷达 ··· 26
　　第四节　微声枪械 ··· 27
　　第五节　次声、超声、强噪声武器 ·· 33
　　思考题 ·· 36

第三章　声学前沿 ·· 37
　　第一节　声纹识别 ··· 37
　　第二节　声学定位与识别 ·· 41
　　思考题 ·· 47

下篇：光学及其军事应用

第四章　光学基础知识 ·· 51
　　第一节　几何光学的基本定律 ·· 51
　　第二节　成像的基本概念与完善成像条件 ··· 55
　　第三节　理想光学系统 ··· 56

第四节　平面与平面系统 …………………………………………… 60
　　第五节　人眼的视觉特性 …………………………………………… 71
　　思考题 ………………………………………………………………… 76

第五章　光学的军事应用 …………………………………………… 78
　　第一节　可见光成像技术 …………………………………………… 78
　　第二节　微光技术 …………………………………………………… 82
　　第三节　红外技术 …………………………………………………… 85
　　第四节　激光技术 …………………………………………………… 92
　　思考题 ………………………………………………………………… 105

第六章　光学前沿 ……………………………………………………… 106
　　第一节　多光谱技术 ………………………………………………… 106
　　第二节　全息技术 …………………………………………………… 107
　　第三节　光纤技术 …………………………………………………… 111
　　第四节　紫外光学 …………………………………………………… 115
　　第五节　微波光子 …………………………………………………… 117
　　第六节　量子光学 …………………………………………………… 120
　　思考题 ………………………………………………………………… 126

参考文献 ………………………………………………………………… 127

上篇：声学及其军事应用

第一章 声学基础知识

第一节 声波的分类及基本声学参量

一、声波及其分类

物体的振动往往伴随着声音的产生。人耳听到的声音主要包含两方面的内容：一是物体的振动如何传到人们的耳朵里，从而使人耳鼓膜发生振动；二是人耳鼓膜的振动如何使人们主观上感觉到声音。

设想某种行为(例如一个物体的振动)在弹性媒质的某局部地区激发起一种扰动，使该局部地区的媒质质点 A 离开平衡位置，开始运动，那么，这个媒质质点 A 的运动必然推动相邻媒质质点 B，亦即压缩了这部分相邻媒质。由于媒质间的弹性作用，这部分相邻媒质被压缩时会产生一个反抗压缩的力，这个力作用于媒质质点 A，并使它恢复到原来的平衡位置。另外，因为媒质质点 A 具有质量媒质，也就是具有惯性，所以媒质质点 A 在经过平衡位置时会出现"过冲"，以至又压缩了另一侧面的相邻媒质，该相邻媒质中也会产生一个反抗压缩的力，使媒质质点 A 又返过来趋向平衡位置。可见，媒质的弹性和惯性作用使这个最初得到扰动的媒质质点 A 在平衡位置附近来回振动。基于同样的原因，被媒质质点 A 推动了的媒质质点 B 以至更远的媒质质点 C,D,…，也都在平衡位置附近振动起来，只是依次滞后一些而已。这种媒质质点的机械振动由近及远的传播就称为声振动的传播或称为声波。

由此可见，声波是一种机械波。适当频率和强弱的声波传到人的耳朵里，人们就听到了声音。

弹性媒质里这种质点振动的传播过程，十分类似于在多个振子相互耦合形成的"质量→弹簧→质量→弹簧……"的链形系统中，一个振子的运动会影响其他振子也跟着运动。其余振子的质量也都在平衡位置附近做类似的振动，只是依次滞后一些。

因此，弹性媒质的存在是声波传播的必要条件。人们很早做过一个简单的实验，这个实验也清楚地证明了这一点：把电铃放在玻璃罩中，抽去罩中作为弹性媒质的空气，结果只能看到电铃的小锤在振动，却听不到由它发出的电铃声。

冲击波是一种不连续峰在介质中的传播，这个峰会导致介质的压强、温度、密度等物理性质的跳跃式改变。冲击波(或称骇波、N 波)是一种特殊的非线性声波，其压力、密度、质点速度等具有突然改变的断层。

在自然界中，所有的爆发情况都伴有冲击波，例如超声速飞机产生的轰鸣声，炮弹的爆炸声或其他高速飞行体飞过时产生的声音都属于此类。冲击波总是在物质的膨胀速度大于局域声速时发生。

冲击波是波阵面以突跃面的形式在弹性介质中传播的压缩波，波阵面上介质状态参数的变化是突跃式的。冲击波是由压缩波叠加形成的，那是不是说二者是具有相同性质的波呢？压缩波叠加形成冲击波是由量变到质变的过程，二者的性质有着根本的差别。当弱压缩波通过时，介质状态发生连续变化；而当冲击波通过时，介质状态发生突跃变化。弱压缩波的传播速度等于未扰动介质中的声速，其速度大小只取决于未扰动介质的状态，与压缩波的强度无关。冲击波的传播速度大于扰动介质中的声速，其速度大小取决于冲击波的强度。当物体以超声速运动时，由于物体运动速度大于扰动传播速度，前面的空气来不及"让开"，即空气的状态参数来不及均匀化，所以会因突然受到运动物体的压缩而形成冲击波。

本书只讨论声波的宏观性质，不涉及媒质的微观特性，因此，本书中讨论的媒质均认为是"连续媒质"，即认为它是由无限个连续分布的物质点所组成的。当然，这里所谓的质点只是在宏观上是足够小的，以至各部分物理特性可看作是均匀的一个小体积元，实际上，质点在微观上却包含大量的分子。显然，这样的质点（媒质微团）既具有质量又具有弹性。

在气体、液体等理想流体介质中，声振动传播的方向与介质质点振动的方向是一致的，此类声波是纵波。描述声波最常见的基本物理量是声压，它是指介质受扰动后产生的逾量压强，其单位也是压强的单位：Pa（帕）。

声波在传播过程中，由振动相位相同的质点所构成的曲面称为波阵面。按波阵面的不同，声波可分为球面波、柱面波和平面波三类。如果声波的波阵面为一系列同心球面，这样的声波就是球面波。球形声源产生的声波是球面波，它是实际环境下最常见的一种声波形式。如果脉动球形声源的直径远小于其产生的声波的波长，那么此声源可近似为点声源。在无界空间中（也称为自由空间），点声源产生的声波为各向均匀的球面波。

二、基本声学参量

（一）声压与声强

1. 声压

前文已定性讨论了声波的物理概念，为了进一步定量研究声波的各种性质，就需要确定用什么物理量来描述声波的传播过程。从前文可知，连续媒质可以看作是由许多紧密相连的微小体积元 dV 组成的物质系统，这样，体积元内的媒质就可以当作集中在一点、质量等于 ρdV（ρ 是媒质的密度）的"质点"来处理。但这种"质点"又同刚性质点不同，这是因为 ρ 是随时间和坐标而变化的物理量。本书主要讨论平衡态下的物质系统内的声学现象。在平衡态下，物质系统可用体积 V_0（或密度 ρ_0）、压强 p_0 及温度 T_0 等状态参数来描述。在这种状态下，组成媒质的分子等微粒虽然在不断地运动着，但就任意一个体积元来讲，在时间 t 内流入的质量等于流出的质量，因此体积元内的质量是不随时间变化的。例如，当有声波作用时，在组成媒质的微粒的杂乱运动中附加了一个有规律的运动，使得体积元内有时流入的质量多于流出的质量，有时又相反，即体积元内的媒质一会儿稠密，一会儿又稀疏。因此，声波的传播实际上也就是媒质内稠密和稀疏的交替过程。显然,这样的变化过程可以用体积元内压强、密度、温度以及质点速度等的变化量来描述。

假设体积元受声扰动后压强由 p_0 变为 p_1,则由声扰动产生的逾量压强(简称逾压)就称为声压,即

$$p = p_1 - p_0 \tag{1-1}$$

在声波的传播过程中:在同一时刻,不同体积元内的压强都不相同;对于同一体积元,其压强又随时间而变化,因此,声压一般是空间和时间的函数。同样地,由声扰动引起的密度的变化量,也是空间和时间的函数。

此外,既然声波是媒质质点振动的传播,那么媒质质点的振动速度自然也是描述声波性质的合适物理量之一。但由于声压的测量比较容易实现,通过声压的测量也可以间接求得质点的振动速度等其他物理量,所以声压已成为目前普遍采用的描述声波性质的物理量。

存在声压的空间称为声场。声场中某一瞬时的声压值称为瞬时声压。在一定时间间隔中,最大的瞬时声压值称为峰值声压或巅值声压。若声压随时间的变化是按简谐规律的,则峰值声压就是声压的振幅。在一定时间间隔中,瞬时声压对时间取均方根的值称为有效声压,即

$$p_e = \sqrt{\frac{1}{T}\int_0^T p^2 \, \mathrm{d}t} \tag{1-2}$$

式中:下标 e 代表有效值;T 代表取平均的时间间隔,它可以是一个周期或比一个周期大得多的时间间隔。一般用电子仪表测得的往往就是有效声压,因而人们习惯上指的声压,也往往是指有效声压。

声压的大小反映了声波的强弱。声压的单位为 Pa(帕),换算关系为

$$1 \text{ Pa} = 1 \text{ N/m}^2 \tag{1-3}$$

有时也用 bar(巴)作单位,1 bar=100 kPa。

为了对声压的大小有一个直观的概念,下面举出声压大小的典型例子:人耳对 1 kHz 声音的可听阈(即刚刚能觉察到它存在时的声压)约为 1×10^{-5} Pa;微风轻轻吹动树叶的声音约为 2×10^{-4} Pa;在房间中的高声谈话声(相距 1 m 处)为 0.05~0.1 Pa;交响乐演奏声(相距 5~10 m 处)约为 0.3 Pa;飞机的强力发动机发出的声音(相距 5 m 处)约为 200 Pa。

2. 声强

声波传播时也伴随着能量的传播。声强用单位时间内通过垂直于声波传播方向的单位面积的能量(声波的能量流密度)来表示,声强的单位是 W/m²(瓦/米²)。声强的大小与声速、声波频率的二次方、振幅的二次方成正比。超声波的声强大是因为其频率很高,炸弹爆炸的声强大是因为其振幅大。不同环境的声学参量见表 1-1。

声音的强度由声波的振幅决定,以能量计算时称为声强,以压力计算时称为声压。声强 I 与声压 p(有效值)的关系为

$$I = \frac{p^2}{\rho v} \tag{1-4}$$

式中:ρ 为介质密度;v 为声速。

表 1-1 不同环境的声学参量

不同环境的声音示例	声压级/dB	声压/Pa	声强/(W·m^{-2})
距离喷气式飞机 50 m	140	200	100
听觉痛阈	130	63.2	10
距离电锯 1 m	110	6.3	0.1
距离柴油卡车 10 m	90	0.63	0.001
距离吸尘器 1 m	70	0.063	0.000 01
平常家庭环境	50	0.006 3	0.000 000 1
夜间安静的卧室	30	0.000 63	0.000 000 001
沙沙作响的树叶	10	0.000 063	0.000 000 000 01
听阈	0	0.000 02	0.000 000 000 001

(二)声压级与声强级

1. 声压级

现在讨论声压和声强的度量问题。声振动的能量范围极广,人们通常讲话的声功率只有约 1×10^{-5} W,而强力火箭的噪声声功率可高达 1×10^{9} W,两者相差十几个数量级。显然:一方面,对如此广阔范围的能量,使用对数标度要比绝对标度方便些;另一方面,从声音的接收来讲,人的耳朵有一个很"奇怪"的特点,即在耳朵接收到声振动后,主观上产生的"响度感觉"并不是正比于其强度的绝对值,而是更近似于与其强度的对数成正比。基于这两方面的原因,在声学中普遍使用对数标度来度量声压和声强,称为声压级和声强级。其单位常用 dB(分贝)表示。

声压级以符号 SPL 表示,其定义为

$$\mathrm{SPL} = 20\lg\frac{p_e}{p_{\mathrm{ref}}} \tag{1-5}$$

式中:p_e 为待测声压的有效值;p_{ref} 为参考声压。

在空气中,参考声压 p_{ref} 一般取值为 2×10^{-5} Pa,这个数值是正常人耳对 1 kHz 声音刚刚能觉察其存在的声压值,也就是 1 kHz 声音的可听阈声压。一般而言,如果声音低于这一声压值,人耳就再也不能觉察出这个声音的存在了。显然,该可听阈声压的声压级为 0 dB。

2. 声强级

声强级用符号 SIL 表示,其定义为

$$\mathrm{SIL} = 10\lg\frac{I}{I_{\mathrm{ref}}} \tag{1-6}$$

式中:I 为待测声强;I_{ref} 为参考声强。

在空气中,参考声强 I_{ref} 一般取值为 10^{-12} W/m^2。这一数值是与参考声压 2×10^{-5} Pa 相对应的声强[计算时取空气的特性阻抗为 400 (N·s)/m],这也是 1 kHz 声音的可听阈声强。

声压级与声强级数值上近似相等,即

$$\text{SIL} = 10\lg\left(\frac{p_e^2}{\rho_0 c_0} \times \frac{400}{p_{\text{ref}}^2}\right) = \text{SPL} + 10\lg\frac{400}{\rho_0 c_0} \tag{1-7}$$

若在测量时的条件恰好是 $\rho_0 c_0 = 400$,则 SIL=SPL。对于一般情况,声强级与声压级相差一个修正项 $10\lg\frac{400}{\rho_0 c_0}$,它通常是比较小的。

3. 响度级与等响曲线

前文提到,人耳在接收声振动后,主观上产生的"响度感觉"近似于与其强度的对数成正比。研究表明,人耳作为一个声接收器,还具有许多独特的性质:它能接收声波的频率范围为 20 Hz~20 kHz,宽达 10 个倍频程(在此听觉频率范围以外的,低于 20 Hz 的声振动通常称为次声波,高于 20 kHz 的声波通常称为超声波);它的灵敏度很高,能接收空气中质点位移振幅小到近似于分子大小的微弱振动,而另一方面又能正常地听到强度比这大 1×10^{12} 倍的很强的声振动;人耳和大脑配合,还能从有本底噪声的环境中听出某些频率的声音,也就是人的听觉系统具有滤波器的功能;此外,人耳还能判别声音的音调、音色以及声源的方位等。直至今天,还没有一个仪器能同时具有人耳的这些奇妙性能。当然,人耳的响应问题已不纯粹是个物理问题,而是包含了神经、心理、生理等因素,这是因为它涉及主观感觉,所以实际上是人耳和大脑组成的听觉系统的响应问题。

众所周知,炮弹的爆炸声是"很响"的,而一个人在远处的谈话声就是"不很响"的,那么,这种直观上的"很响"与"不很响"的感觉,在声学上如何定量描述的呢?这个问题的复杂性在于:人耳感觉的"响"或"不响"虽与声波的强度有关,但又不完全是一回事。实验表明,它不仅与声波强度的对数近似成正比,而且与声波的频率也有关。例如,对两个声压同为 0.002 Pa,但频率不相同(如频率分别为 100 Hz 及 1 000 Hz)的纯音,人耳听起来却不一样响,这是因为人耳对 100 Hz 声音的灵敏度比 1 000 Hz 声音的灵敏度要低得多,所以 100 Hz 的声音听起来比同样声压的 1 000 Hz 的声音要小得多。实验表明,要使 100 Hz 的纯音听起来和 0.002 Pa 的 1 000 Hz 的纯音一样,则它大约应有 0.002 5 Pa 的声压。

实际应用中,为了定量地确定某一声音大小的程度,最简单的方法就是把它和另一个标准的声音(通常为 1 000 Hz 的纯音)相比较,调节 1 000 Hz 纯音的声压级,使它和所研究的声音听起来一样地响,这时 1 000 Hz 纯音的声压级就被定义为该声音的响度级,响度级的单位称为方。例如,当 1 000 Hz 纯音的声压级为 80 dB(相对于 2×10^{-5} Pa)时,如果它与某一扬声器发出的声音听起来同样"响",那么不管扬声器声音的声压级为多少,它的响度级被认为是 80 方。按照以上规定,显然对 1 000 Hz 的纯音,其以分贝计的声强级与以方计的响度级在数值上是相等的。

人们曾做过很多实验来测定响度级与频率及声压级的关系。一般情况下,人对不同频率的纯音感觉为同样响的响度级与频率的关系曲线,通常称为等响曲线。由于这些曲线的纵坐标是在靠近人耳处测量的声强级,所以这时外耳道的腔共振提高了人耳在 4 000 Hz 附近的灵敏度。如果纵坐标是在耳膜处测量的声强级,那么人耳对 1 000 Hz 的声音最灵敏,对低频及高频声波的灵敏度都会大大降低。

人耳刚刚能听到的声音,其响度级即零响度级曲线,该曲线称为可听阈。一般而言,低于此曲线的声音,人耳就不能听到;最上面的曲线是痛觉的界限,称为痛觉阈,高于此曲线的声音,人耳感到的更多的是痛觉。由该曲线可以得到,人耳能感受为声音的声能量范围达 1×10^{12} 倍(相当于 120 dB)。

从人耳的等响曲线可以看出一个很有趣的结果,即当一个复音(包括许多频率纯音的声音)的全部频率成分的强度都提高或降低同样数值时,会使它的音色改变。例如一个乐队演奏:假设低频声和高频声都在 100 dB 左右录音,因为这时的等响曲线差不多是水平的,所以低频声和高频声听起来有差不多的响度;而如果还音时的强度级较低,例如为 50 dB,这时 50 Hz 的声音才刚刚能被听到,而 1 000 Hz 的声音听起来却有 50 方;其他不同频率的声音都有不同的响度级,因此听起来就感到低频声和高频声都损失了,也就是原来的音色已经改变了,在还音时,为了不改变原始音色,就要对低音进行预加重。

(三)级的合成与分解

在实际声场中,常常是多个噪声源同时存在,即使是某声场点仅受单一声源的作用,本底噪声或环境噪声总是存在的。因此,通常讨论的声压级、声功率级都是由几个声源叠加而成的,这就涉及级(dB)的合成与分解问题。

1. 级的相加

在计算声场中某点处众声源形成的总噪声级时,不能简单地由其级(dB)的代数和相加求得,而要通过声能的叠加来计算。

当几个不同声源同时作用时,它们在某处形成的总声强是各个声源单独辐射的声强的代数和,即

$$I = I_1 + I_2 + I_3 + \cdots + I_n = \sum_{i=1}^{n} I_i \tag{1-8}$$

而它们的总声压(有效声压)等于各声压的均方根,即

$$p = \sqrt{p_1^2 + p_2^2 + p_3^2 + \cdots + p_n^2} = \sqrt{\sum_{i=1}^{n} p_i^2} \tag{1-9}$$

总声功率是各个声源单独辐射的声功率的代数和,即

$$W = W_1 + W_2 + W_3 + \cdots + W_n = \sum_{i=1}^{n} W_i \tag{1-10}$$

当声强级、声压级、声功率级叠加时,不能简单地进行算术相加,而要按对数运算规律进行。

总声强级为

$$L_I = 10\lg \frac{\sum I_i}{I_0} \tag{1-11}$$

总声功率级为

$$L_W = 10\lg \frac{\sum W_i}{W_0} \tag{1-12}$$

总声压级为

$$L_p = 10\lg \frac{\sum p_i^2}{p_0^2} \tag{1-13}$$

总声压级 L_p 变为指数形式,即

$$L_p = 10\lg\left(\sum_{i=1}^{n} 10^{L_{p_i}/10}\right) \tag{1-14}$$

由式(1-14)可以看出,根据各声压级 L_{p_1},L_{p_2},…,L_{p_i} 即可求得总声压级 L_p。

例如,n 个在某点声功率相等的声音,它们的总声功率级为

$$L_W = 10\lg \frac{nW}{W_0} = 10\lg \frac{W}{W_0} + 10\lg n \tag{1-15}$$

从式(1-15)可以看出,两个($n=2$)数值相等的声压级叠加后,只比原来增加了 3 dB,而不是增加了一倍。这个结论对声强级同样适用。

声压级的叠加也可以用图表法表示,根据级的相加公式,制成的图和表在实际工作中应用起来更加便捷。声压级求和的附加值 ΔL 见表 1-2。声压级求和计算曲线,如图 1-1 所示。

表 1-2 声压级求和的附加值 ΔL

(L_1-L_2)/dB	0	1	2	3	4	5	6	7	8	9	10	11
ΔL/dB	3.0	2.5	2.1	1.8	1.5	1.2	1.0	0.8	0.6	0.5	0.4	0.33

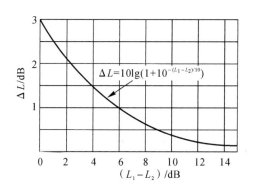

图 1-1 声压级求和计算曲线

两个声波叠加,ΔL 是叠加到较大的声波 L_1 上的增量。

当用图表法计算两个声源的合成声压级时,可用下式求得:

$$L = L_1 + \Delta L \tag{1-16}$$

$$\Delta L = 10\lg[1 + 10^{-(L_1-L_2)/10}] \quad (L_1 \geqslant L_2) \tag{1-17}$$

式中:ΔL 为级的附加值,可在图 1-1 和表 1-2 中根据两个声压级的差值(L_1-L_2)查得。

由图 1-1 中查出两个声压级差所对应的附加值,将它加到较高的声压级上,即可得到所求的总声压级。若两个声压级差超过 10~15 dB,则其附加值很小。也就是说,当一个强

的声音与一个弱的声音叠加时,弱的声音可以忽略不计。在进行噪声级测量时,只要环境噪声比被测噪声低 10 dB 以上,即可以认为环境噪声对测量影响不大。若有多个噪声源,则可用两两逐个相加的办法计算噪声级。

2. 级的相减

在某些情况下,已知两个声源合成的总声压级和其中一个声源的声压级,要求得另一声源的声压级,或者在测量某一噪声源时,要从被测声压级中减去本底噪声和环境噪声的影响,以确定噪声源的声压级,这就需要级的相减,也叫级的分解。声压级分解计算曲线如图 1-2 所示,声压级分解的附加值 ΔL 见表 1-3。

$$L_p = 10\lg\left(\frac{p}{p_0}\right)^2 \quad (1-18)$$

$$L_2 = 10\lg\left(\frac{p_2}{p_0}\right)^2 \quad (1-19)$$

$$L_1 = 10\lg\left[\left(\frac{p}{p_0}\right)^2 - \left(\frac{p_2}{p_0}\right)^2\right] = 10\lg(10^{L/10} - 10^{L_2/10}) \quad (1-20)$$

级的相减也可用图表法表示,与级的相加相似,即

$$L_1 = L - \Delta L \quad (1-21)$$

$$\Delta L = 10\lg[1 + 10^{-(L-L_2)/10}] \quad (1-22)$$

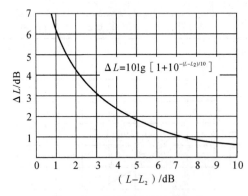

图 1-2 声压级分解计算曲线

表 1-3 声压级分解的附加值 ΔL

$(L-L_2)$/dB	10	9	8	7	6	5	4	3
ΔL/dB	0.5	0.6	0.7	1.0	1.3	1.7	2.2	3.0

第二节 声波的基本性质

为了描述清楚,先选择一种简单波型为例来进行分析,即声波仅沿 x 方向传播,而在 yz 平面上,所有质点的振幅和相位均相同的情况。因为这种声波的波阵面是平面,所以称为平面波。

一、平面波声压表达式

设想在无限均匀媒质里有一个无限大的平面刚性物体沿法线方向来回振动，这时所产生的声场显然就是平面声波。讨论这种声场，可归结为求解一维声波方程，即

$$\frac{\partial^2 p}{\partial x^2} = \frac{1}{c_0^2} \frac{\partial^2 p}{\partial t^2} \tag{1-23}$$

这种形式的方程在本章第一节中已经介绍，这里再根据现在具体的物理情况，运用分离变量法来求解这个二阶线性偏微分方程。

关于声场随时间变化的部分，主要研究的是在稳定的简谐声源作用下产生的稳态声场。这有两方面的原因：一方面，声学中相当多的声源是随时间做简谐振动的；另一方面，根据傅立叶分析，因为任意时间函数的振动（如脉冲声波等）原则上都可以分解为许多不同频率的简谐函数的叠加（或积分），所以只要对简谐振动分析清楚了，就可以通过不同频率的简谐振动的叠加（或积分）来求得这些复杂时间函数的振动规律。因此，随时间简谐变化的声场将是分析随时间复杂变化的声场的基础。

基于上述原因，假设式（1-23）有下列形式的解：

$$p = p(x)\,\mathrm{e}^{\mathrm{j}\omega t} \tag{1-24}$$

式中：ω 为声源简谐振动的圆频率。对于一般情况，式（1-24）中还应引入一个初相角，但它对稳态声传播性质的影响不大，这里为简单起见，就将它忽略了。关于空间部分 $p(x)$ 的常微分方程为

$$\frac{\mathrm{d}^2 p(x)}{\mathrm{d}x^2} + k^2 p(x) = 0 \tag{1-25}$$

式中：k 称为波数。

常微分方程的一般解可以取正弦、余弦的组合，也可以取复数组合。对于讨论声波向无限空间传播的情形，下面将指出，取成复数的解更合适，其中，A 和 B 为两个任意常数，由边界条件决定，将式（1-23）和式（1-24）整合可得

$$p(t,x) = A\mathrm{e}^{\mathrm{j}(\omega t - kx)} + B\mathrm{e}^{\mathrm{j}(\omega t + kx)} \tag{1-26}$$

二、声波的传播速度

通过对波动方程的解的分析可以看到，在引入媒质状态方程时，出现在波动方程里的常数 c_0，原来就是声波的传播速度。这也是自然的，因为常数 c_0 当初被定义为 $c_0 = \sqrt{\mathrm{d}p/\mathrm{d}\rho}$，可见它反映了媒质（如气体）受声扰动时的压缩特性较大，即压强的改变引起的密度变化较大，显然按定义 c_0 值较小，在物理上就是因为媒质的可压缩性较大，一个体积元状态的变化需要经过较长的时间才能传递给相邻的体积元，所以这种媒质里的声扰动传播速度较慢。反之，如果某种媒质（如液体）的可压缩性较小，即压强的改变引起的密度变化较小，这时按定义 c_0 值较大，在物理上就是因为媒质的可压缩性较小，一个体积元状态的变化很快就传递给相邻的体积元，所以这种媒质里的声扰动传播速度较快。极限情况就是在理想的刚体内，媒质不可压缩，这时 c_0 趋于无穷大，也就是一个体积元状态的变化立刻传递给其他的体积元。实际上，这时物体各部分将以相同的相位运动，显然，这就相当于前文讨论的"质点"。

由此可见，媒质的压缩特性在声学上通常表现为声波传播速度的快慢。

对于理想气体中的小振幅声波，其声速为

$$c_0^2 = \frac{\gamma p_0}{\rho_0} \tag{1-27}$$

例如，对于空气，$\gamma=1.402$，当标准大气压 $p_0=1.013\times 10^5$ Pa、温度为 0 ℃ 时，$\rho_0=1.293$ kg/m³，可算得 $c_0(0\ ℃)=331.6$ m/s。

早在 1687 年，牛顿运用波义耳定律，也就是假设在声扰动下气体状态的变化是等温过程，因此有 $PV=$const（常数），计算得到空气中声速理论值为

$$c_0(0\ ℃) = \sqrt{\frac{p_0}{\rho_0}} = 297 \text{ m/s} \tag{1-28}$$

这数值与实验结果相差很大。直至 1816 年，拉普拉斯对牛顿的理论进行了修正，假设气体按绝热过程变化，运用气体绝热物态方程，得到的声速公式（即前面解得的结果），其理论计算值与实验结果十分符合，从而人们最后确认了声振动过程确实是绝热的。后来对除空气以外的其他气体进行的类似的声速理论值与实验值的比较，也有力地支持了这一结论。

三、声阻抗率与媒质特性阻抗

声阻抗率的定义为 $Z_a=p/U$，在研究空间的声场时，体积速度 U 的含义是不明确的，因而在这种情形下，通常不用体积速度 U 而用质点振动速度 v，也就是定义声场中某位置的声压与该位置的质点振动速度的比值为该位置的声阻抗率，即

$$Z_S = \frac{p}{v} \tag{1-29}$$

一般来讲，声场中某位置的声阻抗率 Z_S 可能是复数，像电阻抗一样，其实数部分反映了能量的损耗。在理想媒质中，实数的声阻率也具有"损耗"的意思，不过它代表的不是能量转化成热，而是代表着能量从一处向另一处的转移，即"传播损耗"。

平面声波的声阻抗率数值上恰好等于媒质的特性阻抗，如果借用电路中的语言来形象地描述此时的传播特性，那么可以说平面声波处处与媒质的特性阻抗相匹配。

四、声场中的能量关系

声波传到原先静止的媒质中，一方面使媒质质点在平衡位置附近来回振动，另一方面在媒质中发生了压缩和膨胀的过程，前者使媒质具有了振动动能，后者使媒质具有了形变位能，这两部分能量之和就是声扰动使媒质得到的声能量。声扰动传播，声能量也跟着转移，因此可以说声波的传播过程实质上就是声振动能量的传播过程。

（一）声能量密度

设想在声场中取一足够小的体积元，其原先的体积为 V_0，压强为 p_0，密度为 ρ_0，由声扰动使该体积元得到的动能为

$$\Delta E_k = \frac{1}{2}\rho_0 V_0 v^2 \tag{1-30}$$

此外,由于声扰动,该体积元压强从 p_0 升高为 p_0+p,所以该体积元里就具有了位能,即

$$\Delta E_p = -\int_0^p p\,\mathrm{d}V \tag{1-31}$$

式中:负号表示在体积元内压强和体积的变化方向相反。例如:当压强增加时,体积元缩小,此时外力对体积元做功,使它的位能增加,即压缩过程使系统贮存能量;反之,当体积元对外做功时,体积元里的位能就会减小,即膨胀过程使系统释放能量。

(二)声功率与声强

单位时间内通过垂直于声传播方向的截面积 S 的平均声能量,就称为平均声能量流,或称为平均声功率。因为声能量是以声速 c_0 传播的,所以平均声能量流 $\overline{W}$ 应等于声场中截面积为 S、高度为 c_0 的柱体内所包括的平均声能量,即

$$\overline{W} = \bar{\varepsilon} c_0 S \tag{1-32}$$

式中:$\bar{\varepsilon}$ 为平均声能量密度。平均声能量流的单位为 W(瓦),1 W=1 J/s。

通过垂直于声传播方向的单位面积上的平均声能量流就称为平均声能量流密度,或称为声强,即

$$I = \frac{\overline{W}}{S} = \bar{\varepsilon} c_0 \tag{1-33}$$

根据声强的定义,它还可用单位时间内、单位面积的声波向前进方向毗邻媒质所做的功来表示,因此它也可写成

$$I = \frac{1}{T}\int_0^T R_e(p) R_e(v)\,\mathrm{d}t \tag{1-34}$$

式中:R_e 代表取实部。声强的单位为 W/m²。

对沿正 x 方向传播的平面声波,声强为

$$I = \frac{p_a^2}{2\rho_0 c_0} = \frac{p_e^2}{\rho_0 c_0} = \frac{1}{2}\rho_0 c_0 v_a^2 = \rho_0 c_0 v_e^2 = \frac{1}{2}p_a v_a + p_e v_e \tag{1-35}$$

式中:v_e 为有效质点速度,即

$$v_e = v_a/\sqrt{2} \tag{1-36}$$

对沿负 x 方向传播的反射波情形,可求得

$$I = -\bar{\varepsilon} c_0 = -\frac{p_a^2}{2\rho_0 c_0} = -\frac{1}{2}\rho_0 c_0 v_a^2 \tag{1-37}$$

此时,声强是负值,这表明声能量向负 x 方向传递。可见,声强是有方向的量,它的指向就是声传播的方向。可以预料,当同时存在前进波与反射波时,总声强应为 $I = I_+ + I_-$,如果前进波与反射波相等,那么 $I=0$,因而在有反射波存在的声场中,声强这一量往往不能反映其能量关系,这时必须用平均声能量密度 $\bar{\varepsilon}$ 来描述。

可见,声强与声压幅值或质点速度幅值的二次方成正比。此外,在质点速度幅值相同的情况下,声强还与媒质的特性阻抗成正比。例如,在空气和水中有两列相同频率、相同速度幅值的平面声波,这时其在水中的声强要比在空气中的声强大约 3 600 倍。由此可见,在特

性阻抗较大的媒质中,声源只需用较小的振动速度就可以辐射出较大的能量。从声辐射的角度来看,这是很有利的。

第三节 声波的反射、折射与干涉

一、声学边界条件

声波在两种介质的分界面上会发生反射、透射(对垂直入射声波)和折射(对斜入射声波)现象。要获得入射波、反射波、透射波(或折射波)之间的定量关系,就需要用到边界条件。

在无限大的分界面上,有两种声学边界条件,他们是声压连续条件和法向质点振速连续条件,其数学表达式为

$$p_1 = p_2 \tag{1-38}$$
$$v_1 = v_2 \tag{1-39}$$

式中:p 和 v 分别为分界面上的声压和质点振速;下标 1 和下标 2 分别表示介质 1 和介质 2。

对于一维斜入射平面波,入射波声压和质点振速为

$$p_i = p_{ia} e^{j(\omega t - k_1 x \cos\theta_1 - k_1 y \sin\theta_1)} \tag{1-40}$$

$$v_{ix} = -\frac{\cos\theta_i}{\rho_1 c_1} p_i \tag{1-41}$$

反射波声压和质点振速为

$$\left. \begin{array}{l} p_r = p_{ra} e^{j(\omega t + k_1 x \cos\theta_r - k_1 y \sin\theta_r)} \\ v_{rx} = -\frac{\cos\theta_r}{\rho_1 c_1} p_r \end{array} \right\} \tag{1-42}$$

在介质另一侧的透射声波声压和质点振速为

$$\left. \begin{array}{l} p_t = p_{ta} e^{j(\omega t + k_1 x \cos\theta_t - k_1 y \sin\theta_t)} \\ v_{tx} = -\frac{\cos\theta_t}{\rho_1 c_1} p_t \end{array} \right\} \tag{1-43}$$

在分界面上,有以下边界条件:

$$p_i + p_r = p_t \tag{1-44}$$
$$v_{ix} + v_{rx} = v_{tx} \tag{1-45}$$

由此可以获得声波反射与折射定律,即

$$\theta_i = \theta_r \tag{1-46}$$

$$\frac{\sin\theta_i}{\sin\theta_t} = \frac{k_2}{k_1} = \frac{c_1}{c_2} \tag{1-47}$$

二、声波的反射与折射

当波阵面远离任何声源时,可取一部分近似地看作平面波,因此通常以平面波讨论反射

和折射。

平面波的入射、反射和折射示意图如图 1-3 所示。

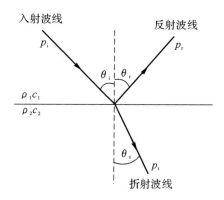

图 1-3 平面波的入射、反射和折射示意图

当平面波倾斜入射时,可得出反射定律和折射定律,这两个定律的要点如下。
(1) 反射波线和折射波线都在由入射波线和界面法线所组成的同一平面内。
(2) 入射角 θ_i 等于反射角 θ_r,二者相等。
(3) 入射波、反射波与折射波的方向满足如下方程:

$$\frac{\sin\theta_i}{c_1}=\frac{\sin\theta_r}{c_1}=\frac{\sin\theta_t}{c_2} \tag{1-48}$$

声波在大气中传播时,在离地面高度 20 km 以下的区域,由于地面在白天接受太阳辐射而温度较高,所以空气的温度随着高度的增加而降低。声速是随着温度的不同而改变的,温度高处声速大,温度低处声速小,因此声速随着高度的增加而减小。

由于声速是逐渐改变的,根据折射定律,声波在其传播路径的每一点上都会发生折射。这种连续折射现象描绘出来的波线(即声音传播的路径)会弯向声速较小的媒质层。因此,白天的声波线将弯向高空,声音传播距离小,听闻不佳,尤其是在赤日炎炎的沙漠中,相距几十米远的人往往只见其人不闻其声,相互呼喊也听不到声音,这是因为声音一出口便拐向高空了。在夜间,靠近地面的空气迅速冷却,形成空气温度随高度增加而升高的情况,这时声波线弯向下方,从而声音传播距离远。

夏日的清晨,乡间小道上悠扬悦耳的笛声往往传得很远,也是同样的道理。在寒冷的冬天,尤其在结冰的湖面上或在未结冰的水面上,即使在白天,由于水面上温度低,声波向地面折射的效果也十分明显,所以声音传播得也远一些。在白雪皑皑的冰岛上,夜间犬吠声能传出十多千米。

在第一次世界大战时,曾发生了一个奇怪的现象:有人驱车从数百千米外的地方向一门不断发射炮弹的大炮驶去,起初听到炮声"隆隆",但驶得近一些时却听不到炮声了,几乎是静区,然后再驶得近一些,又听到从大炮直接传来的声音,过一段路程又出现静区,接着是更响的炮声轰鸣区。出现静区的原因:白天,大气温度随高度增加而降低,一直到 40 km 左右的高空,这一层大气强烈吸收紫外线而使温度升高,此时,声音传播的路径(即波线)先弯向上方折离地面,到达 40 km 以上的高空后又折回地面,因此,在一定距离内有一个听不到声音的区域(即静区)之后又能听到声音。若声音(如炮声)强度很大,则其会经地面反射后又进入高空,再一次反射回来,这样出现第二个静区后又能听到声音。

三、声波的干涉

如果空间中存在多个声源,那么会产生不止一列的声波,这在声学测量领域是常见现象。这里先不考虑各声源间的相互作用,只研究各列声波叠加后的声压和声能密度的情况。

1. 声波的相干性

设有两列相同频率、相差固定的平面波,分别为

$$p_1 = p_{1a}\cos(\omega t - \varphi_1) \tag{1-49}$$

$$p_2 = p_{2a}\cos(\omega t - \varphi_2) \tag{1-50}$$

合成声场的声压为

$$p = p_1 + p_2 = p_{1a}\cos(\omega t - \varphi_1) + p_{2a}\cos(\omega t - \varphi_2) = p_a\cos(\omega t - \varphi) \tag{1-51}$$

其中

$$p_a^2 = p_{1a}^2 + p_{2a}^2 + 2p_{1a}p_{2a}\cos(\varphi_2 - \varphi_1) \tag{1-52}$$

$$\varphi = \arctan\frac{p_{1a}\sin\varphi_1 + p_{2a}\sin\varphi_2}{p_{1a}\cos\varphi_1 + p_{2a}\cos\varphi_2} \tag{1-53}$$

合成声场的平均声能量密度为

$$\bar{\varepsilon} = \bar{\varepsilon}_1 + \bar{\varepsilon}_2 + \frac{p_{1a}p_{2a}}{\rho_0 c_0^2}\cos(\varphi_2 - \varphi_1) \tag{1-54}$$

由式(1-54)可以看出,两列声波叠加后的声波平均声能量密度会出现极大和极小相互交错的现象,这就是声波的干涉现象。对于不同频率的两列固定相差声波,有

$$\bar{\varepsilon} = \bar{\varepsilon}_1 + \bar{\varepsilon}_2 \tag{1-55}$$

2. 无规相位声波的叠加

对于具有相同频率的两列相位随机变化的声波,有

$$p_1 = p_{1a}\cos(\omega t - \varphi_1) \tag{1-56}$$

$$p_2 = p_{2a}\cos(\omega t - \varphi_2) \tag{1-57}$$

合成声场的声压为

$$p = p_1 + p_2 = p_{1a}\cos(\omega t - \varphi_1) + p_{2a}\cos(\omega t - \varphi_2) = p_a\cos(\omega t - \varphi) \tag{1-58}$$

其中

$$p_a^2 = p_{1a}^2 + p_{2a}^2 + 2p_{1a}p_{2a}\cos(\varphi_2 - \varphi_1) \tag{1-59}$$

$$\varphi = \arctan\frac{p_{1a}\sin\varphi_1 + p_{2a}\sin\varphi_2}{p_{1a}\cos\varphi_1 + p_{2a}\cos\varphi_2} \tag{1-60}$$

合成声场的平均声能量密度为

$$\bar{\varepsilon} = \bar{\varepsilon}_1 + \bar{\varepsilon}_2 \tag{1-61}$$

对于多列这样的声波,有

$$p_e^2 = p_{1e}^2 + p_{2e}^2 + \cdots + p_{ne}^2 \tag{1-62}$$

在实际场合中,多人讲话发出的声音、多台机器发出的噪声、不同车辆发出的交通噪声

等的叠加,都可以看作无规相位声波的叠加。

思 考 题

1. 声波的分类有哪些?
2. 如何计算声波的传播速度?
3. 声学的边界条件是什么?
4. 声波的反射、折射特性会对室内使用有声装备造成什么影响?
5. 用于声学参数测试的传感器有哪些?其工作原理是什么?
6. 超声波用于装备检测的工作原理是什么?该检测方法具有哪些特点?

第二章 声学的军事应用

随着科学技术的发展,军事上根据声波的特性,制造了多种多样的声技术装备,如窃听器、声呐、声学雷达、微声枪械、次声武器、超声武器和强噪声武器等。

第一节 窃听器

根据 2011 版《中国人民解放军军语》,窃听是指使用技术器材秘密听录敌方讲话、谈话或通话,从中获取情报的行动。自古以来,各国间谍机关都把窃听作为窃取其他国家军事、政治、经济、科学技术和工业情报的一种重要技术手段。现在的窃听器采用先进的科学技术,制作精细、伪装巧妙,甚至使人难以发现它的存在,主要包括微型录音机、专线麦克风窃听器、无线窃听器、电话窃听器、红外激光窃听器、微波窃听器等。本节主要介绍基于声学特性的窃听器及其原理。

一、窃听原理

在弹性媒质中,如果波源所激起的纵波频率在 20~2 000 Hz 之间,就能引起人的听觉,这种纵波称为声波,相应的振动称为声振动。声波是一种波动,因此它具有波动的一切特性,能产生反射、折射、干涉、衍射等现象。

声音窃听是一种古老的方法。它是直接拾取从空气中传播来的声波,从而获得谈话内容的方法。北宋科学家沈括在他著名的《梦溪笔谈》一书中介绍了一种用牛皮做的"箭囊听枕",利用该"听枕"能够听到"数里内外的人马声",这是因为"虚能纳声",而大地又好像是一根"专线",连接着彼此两个地点,是一种传播声音信号的媒介。在江南一带,还有一种常用的"竹管窃听器",它是用一根根凿穿内节的毛竹连接在一起的,敷设在地下、水下或隐蔽在地上、建筑物内,可进行较短距离的窃听。

二、典型窃听器

(一)"大耳朵"窃听器

"大耳朵"窃听器因其外形而得名,常见于与邻国接壤的军营哨所中。这种窃听器有一个特别大的圆盘,圆盘朝前的一面为抛物面,当正前方传来的声波碰到圆盘时,根据波的反射原理,会被圆盘反射聚集在焦点上,来自其他方向的声波则不会聚焦。在焦点上放置一个能接收微弱声音的微音器,从正面传来的微弱声音激励微音器工作,将声能转换成电信号,经电子线路放大,再由监听人员使用耳机监听。这种抛物面式窃听器能够拾取较大面积的声能,窃听距离可达几千米。

根据同样的声波反射、折射原理,还可制成外形像扩音喇叭一样的远距离定向麦克风窃听器。为了提高该窃听器的灵敏度和指向性,还可根据双耳效应,用两个喇叭拾音。所谓双耳效应,就是来自正前方的声音同时到达双耳,而来自侧面的声音,由于传播路程略有差异,所以总是一个耳朵先听到,另一个耳朵后听到,通过分析两耳听到声音的时间差,就可确定声音的方向。

(二)"鸟枪"窃听器

"鸟枪"是一种"追捕"声音的设备——远距离定向话筒窃听器,是根据波的叠加原理制成的外形像"鸟枪"的窃听器,便于携带,可以听到几百米甚至更远的声音。监听人员只需要把"鸟枪"的枪口对准被窃听的方向,就能取得较好的窃听效果。它的工作原理和扩音机的原理类似,只是其话筒体积要小得多、灵敏度要高得多。"鸟枪"枪管上开有很多规则排列的小孔,当声波从正前方传来时,经过小孔进入枪管,就会在枪管尾部的微音器处互相加强;而当无关的声波从枪管两侧传来时,经小孔进入枪管后则互相抵消,这就使监听人员听不到与窃听对象无关的声音,而只拾取被侦察方向的声音。

声波是疏密波,在稀疏区域中,实际压强小于原来的静压强,在稠密区域中,实际压强大于原来的静压强,声压的周期性变化可以控制电流的周期性变化,从而把声信号转换为电信号,然后经输送线传到电声装置,再将电信号转换为声信号,以供监听人员接收。这种利用声振动产生声压传递信号的原理不仅是窃听器的工作原理,也是电话机的工作原理。

(三)专线窃听器

随着现代声音窃听技术的发展,出现了许多类似人耳功能的"电耳朵"。它们有的像黄豆粒或针尖那么小,有的做成和电源插座一个样,拾音范围都在 10 m 以上,甚至写字的声音都能听得一清二楚。这种窃听方式叫作专线话筒窃听。"电耳朵"的埋设方式往往都很巧妙、很隐蔽,有的窃听话筒被安装在墙面的自然裂缝里,有的把连接话筒与放大器或录音机的金属导线沿着建筑物的钢骨架或其他金属管道敷设,在容易被肉眼察觉的地方则使用导电油漆代替导线。

(四)电话窃听器

电话窃听器是指将窃听器的两根接线接到电话线路上,直接截获电话线路里的电流信号。为了巧妙伪装,窃听人员常把窃听位置选择在电话线路的接线盒内、分线箱上,尽量不入侵室内。对于自动化程度很高的旁听设备,一旦有人拿起手机准备打电话,电话集中台便自动开始工作,数字显示器就显示出该电话机的号码,自动报时器报告通话开始和结束的时间,录音机录下电话内容。此外,还可根据电磁感应现象,将感应线圈设置在电话线外、电话机下,以此来窃听电话内容。

现代声音窃听技术还在不断发展,纳米技术、微电子技术、遥感技术、空间技术等高新技术正促使窃听器变得更加隐蔽、方便、高效,使窃听器成为无孔不入的"顺风耳"。

第二节 声　　呐

声呐是英文缩写"SONAR"的中文音译,其中文全称为声音导航与测距(Sound Navigation And Ranging),是利用声波在水中的传播和反射特性,通过电声转换和信息处理进行导航和测距的技术,也指利用这种技术对水下目标进行探测(识别、位置、性质、运动方向等)和通信的电子设备,是水声学中应用最广泛、最重要的一种装置。

一、声呐的作用原理

声波是观察和测量的重要手段。有趣的是,英文"Sound"一词作为名词是"声"的意思,作为动词就有"探测"的意思,可见,声与探测关系之紧密。

利用声波在水中进行观察和测量,具有得天独厚的优势。这是由于其他探测手段的作用距离都很短,光在水中的穿透能力很有限,即使在最清澈的海水中,人们也只能看到十几米到几十米内的物体,电磁波在水中也衰减很快,而且波长越短,损失越大,即使用大功率的低频电磁波,也只能传播几十米。然而,声波在水中传播的衰减就小得多,在深海声道中爆炸一个几千克的炸弹,在两万千米外还可以收到信号,低频的声波还可以穿透海底几千米的地层,并且得到地层中的信息。在水中进行测量和观察,迄今还未发现比声波更有效的手段。

声呐系统的基本模式如图 2-1 所示,它有主动和被动两种工作方式:在主动方式下工作时,一个已知的信号被发射出去,当它照射到某个目标时,反射信号(或称回声)就被接收到,经过适当的处理,再由接收机显示出来;在被动方式下工作时,目标被发现是由于它所辐射的噪声被物体反射或散射,通过接收和分析回声,实现对目标的探测和定位。

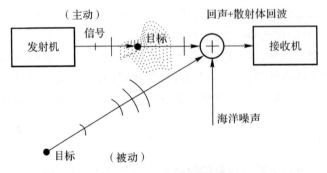

图 2-1　声呐系统的基本模式

各种不同类型的声呐用途不同,具体构成也不相同,但其基本结构都是一样的,即其基本的工作方式是一样的。一个模型与另一个模型的差别在于这些基本工作方式的参数的差别,以及其联结方法的不同,因此首先要阐明的是这些基本工作方式。

图 2-2 为声呐发射机的典型方框图。"信号发射器"可以有多种形式的输出:模拟的或数字的,连续波脉冲或线性调频波,这取决于具体的应用场合。信号发生器的输出送到"波束成形矩阵",其目的是给信号一个合适的加权和延时,使得发射基阵在声信道中产生一个

所希望的波束图。该图决定了由发射机所发射的声能的集中程度和空间分布情况。信号的加权和延时通常叫作定向或波束成形。"功率放大"的目的是要获得足够大的电功率,然后将其与发射基阵匹配,并以较高的效率向水中发射声能。

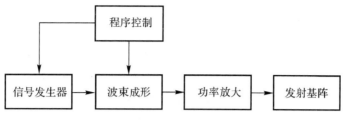

图 2-2 声呐发射机的典型方框图

基阵的几何形状(如圆阵、线阵、球阵)依赖于具体的应用场合。此外,发射基阵是很多个辐射单元的综合,它们的材料取决于传播介质。声呐系统中通常用压电陶瓷或某种类型的磁致伸缩的金属,作为电能和声能互换的器件。"程序控制"主要指管理或控制中心,它使整个发射机能在我们所希望的状态下工作。

由声呐接收机的典型方框图(见图 2-3)可见,它比发射机复杂一些。这是因为在发射过程中,信噪比是接近于无限的,而在接收过程中,在大多数情况下,信噪比小于 1。

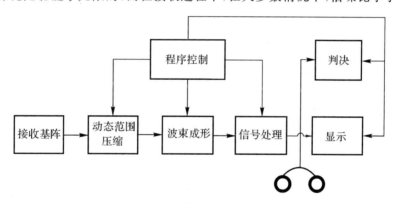

图 2-3 声呐接收机的典型方框图

接收基阵(或水听器阵)与发射基阵非常相似,在简单的声呐系统中,它们通常就是同一个。动态范围压缩指的是自动增益控制(Automatic Gain Control,AGC)与时变增益放大(Time Varied Gain,TVG),它们是为了将所接收到的信号动态压缩到一定范围,以便使波束成形系统及信号处理系统能够正常工作。接收机的波束成形功能与发射机的类似,但是接收机的波束成形方式要比发射机的复杂得多。接收机的波束成形是基阵在空间上的抗噪声和混响场的一种处理过程,在实现波束成形时,要进行一系列的运算(包括加权、延时及空间各阵元收到的信号求和),然后做进一步的频域和时域处理。

波束成形之后还需进行信号处理,它通常是某一个检测信号的最佳准则的物理实现。信号处理的主要形式为匹配滤波、相关技术和自适应技术。实际上,信号处理系统、显示、听测、判决等都是和声呐密切相关的,它们共同代表信号处理系统。

二、声呐的基本分类

可按工作方式、装备对象、战术用途、基阵携带方式和技术特点等对声呐进行分类。声呐按工作方式可分为主动声呐和被动声呐。

(一)主动声呐

有目的地主动从系统中发射声波的声呐称为主动声呐。主动声呐的原理是,声呐主动发射声波"照射"目标,而后接收水中目标反射的回波时间和回波参数,以测定目标的参数。主动声呐发射某种形式的声信号,利用信号在水下传播途中障碍物或目标反射的回波来进行探测。由于目标信息保存在回波之中,所以可根据接收到的回波信号来判断目标存在与否,并测量或估计目标的距离、方位、速度等参量。具体地说,可通过回波信号与发射信号间的时延推知目标的距离,由回波波前法线方向可推知目标的方向,而由回波信号与发射信号之间的频移可推知目标的径向速度。此外,由回波的幅度、相位及变化规律,可以识别出目标的外形、大小、性质和运动状态。

主动声呐主要由换能器基阵(常为收发兼用)、发射机(包括波形发生器、发射波束形成器)、定时中心、接收机、显示器、控制器等几个部分组成。主动声呐大多数采用脉冲体制,也有采用连续波体制的。它由简单的回声探测仪器演变而来,可主动发射声波,然后接收回波进行计算,适用于探测冰山、暗礁、沉船、海深、鱼群、水雷和关闭了发动机的隐蔽的潜艇等。

(二)被动声呐

利用接收换能器基阵接收目标自身发出的噪声或信号来探测目标的声呐称为被动声呐。被动声呐的原理是,声呐被动接收舰船等水中目标产生的辐射噪声和水声设备发射的信号,以测定目标的方位和距离。被动声呐由简单的水听器演变而来,可通过收听目标发出的噪声,判断出目标的位置和某些特性,特别适用于既不能发声暴露自己而又要探测敌舰活动的潜艇。

被动声呐与主动声呐最根本的区别在于,它能够在自身噪声背景下接收远场目标发出的噪声。由于被动声呐本身不发射信号,所以目标将不会觉察声呐的存在及其意图。目标发出的声音及其特征,在声呐设计时并不为设计者所控制,对其了解也往往不全面。声呐设计者只能对某预定目标的声音进行设计,如果目标为潜艇,那么目标自身发出的噪声包括螺旋桨转动噪声、艇体与水流摩擦产生的动水噪声,以及各种发动机的机械振动引起的辐射噪声等。此时,目标噪声作为信号,且经远距传播后变得十分微弱。由此可知,被动声呐往往工作于低信噪比情况下,因而需要采取比主动声呐更多的信号处理措施。被动声呐没有发射机部分,回音站、测深仪、通信仪、探雷器等均可归入主动声呐类,而噪声站、侦察仪等则归入被动声呐类。

三、声呐的军事应用

声呐是各国海军进行水下监视使用的主要装备,用于对水下目标进行探测、分类、定位和跟踪,进行水下通信和导航,保障舰艇和反舰飞机的战术机动及水中武器的使用。在军事上,声呐按装备对象可分为水面舰艇声呐、潜艇声呐、航空声呐和海岸声呐等。

(一)水面舰艇声呐

水面舰艇声呐是指装备在水面舰艇上的各种声呐。水面舰艇声呐主要用于探测潜艇和水雷,为反潜武器发射、扫除水雷和舰艇机动等提供目标坐标数据,还可用于水声通信、导航、鱼雷报警、扫海测量和海底底质探测等。水面舰艇声呐以主动工作方式为主,兼有被动工作方式:主动工作方式用于对水下目标探测定位和水声通信;被动工作方式用于对潜监听和鱼雷报警。有些大型水面舰艇还采用舰上的声呐和舰载直升机上的声呐配合工作,能够扩大水面舰艇对潜探测范围,为水面舰艇的远程对潜警戒和反潜武器的使用提供保障。

第一次世界大战期间,水面舰艇上装备的各种早期的被动听测装置,用于收听潜艇噪声信号并测定目标方向。第二次世界大战期间,水面舰艇大量装备主动声呐,该声呐用耳机或扬声器收听回音,用电子示波管显示回波,测定目标方位和距离,并配有距离记录器,以配合对潜攻击,声呐的工作频率多为 30 kHz 左右,发射功率在 1 kW 以内,作用距离不超过 1.5 海里(1 海里=1.852 km),定向精度为±2°。20 世纪 50 年代,水面舰艇警戒声呐开始向低频、大功率、大基阵方向发展,在反水雷舰艇上装备探雷声呐,出现水面舰艇拖曳式拖体声呐(变深声呐)。20 世纪 60 年代以后,一些大型水面舰艇的声呐普遍使用低频、大功率、大基阵,工作频率一般为 3~5 kHz,发射功率为 100~150 kW,基阵直径为 2.5~4.8 m,并将基阵安装在球鼻艏内。采用脉冲压缩、极性重合相关和数字波束形成等信号处理技术,应用直达声、海底反射声和深海声道三种传播途径,作用距离为 10~35 海里,定向精度为±1°。20 世纪 70 年代,拖曳式线列阵声呐的问世,各主要海军国家的水面舰艇开始装备拖曳式拖体声呐。使水面舰艇的远程被动监视能力显著提高。20 世纪 80 年代,水面舰艇声呐的数字化程度进一步提高,普遍应用数字计算机和微处理器,使声呐的信号处理能力、操作自动化程度、可靠性和可维修性等都有较大进步。

现代水面舰艇声呐按换能器基阵布设方式可分为舰壳声呐和拖曳声呐。

舰壳声呐的换能器基阵安装在舰艇壳体上,基阵的安装方式有升降式和固定式两种:升降式基阵,安装在舰艇前部龙骨附近的围阱中,工作时通过传动装置降到离舰体下数米深的水中,适用于扫雷舰等少量中小型舰艇;固定式基阵,根据舰艇吨位大小,安装在舰艇的不同部位,小型舰艇安装在龙骨下,大、中型舰艇安装在前部球鼻艏内。球鼻艏基阵远离舰艇螺旋桨,受本舰噪声干扰小,不影响舰艇的航速和其他机动性能;球鼻艏内空间大,基阵尺寸相应增大,可工作于低频、大功率,且维修方便。为克服舰艇摇摆的影响,有些水面舰艇舰壳声呐设置有机械式或电子式稳定平台。舰壳声呐的换能器基阵多为圆柱形或球形,基阵的直径取决于舰型和安装条件,最大的为 4.8 m。根据基阵尺寸的不同,发射频率通常在 3.5~10 kHz 范围内,发射功率最大的超过 100 kW。

拖曳声呐的换能器基阵通过收放装置用拖缆拖曳在舰艇尾后水中,按基阵结构特点分为拖曳式拖体声呐和拖曳式线列阵声呐。拖曳式拖体声呐的基阵安装在流线型拖体中,拖缆长数百米,拖体深度可调,与舰壳声呐互相配合或交替使用,提高了水面舰艇声呐对海洋水文条件的适应能力,在跟踪和攻击目标的同时,可继续对周围环境进行监视。拖曳式线列阵声呐的长度可达数百米,主要担负远程警戒任务,引导舰载直升机反潜。拖曳声呐的发展趋势:在进一步提高拖曳线列阵声呐的远程被动监视能力的同时,发展用于远程探测的低频主动拖曳线列阵系统的拖线;利用多种声传播途径,进一步提高声呐探测距离;研制宽带、高灵敏度换能器；改进信号处理系统的噪声抑制方法，使声呐在舰艇高速航行情况下具有被动探测能力；声呐设备按大、中、小型与舰艇配套，形成系列，组部件实现集成化、标准化和模块化。

(二)潜艇声呐

潜艇声呐是指装备在潜艇上的各种声呐，用于对水面舰艇、潜艇和其他水中目标进行搜索、识别、跟踪、定位、导航和水声通信等。

第二次世界大战及以前的潜艇声呐多采用单一换能器或简单基阵；技术水平和性能较低，只能通过机械旋转产生水平方向上的单波束扫描，对单个目标进行定位和跟踪，对目标判断主要靠听觉、视觉和经验；探测距离近，主动式为 1~1.5 海里，被动式为 2~3 海里；测向精度为 1°~3°，主动测距精度约为±1%；不能测定目标深度，没有被动测距的功能。第二次世界大战后，潜艇声呐采用低工作频率，加大了换能器基阵尺寸，装在潜艇艏部的大型球形阵直径已接近 5 m，贴镶在潜艇舷侧的线列阵长度可达 60 m，拖曳线列阵长度在百米以上，可在低的频率工作，加大了发射功率，能选择利用三种传播途径，使作用距离大大增加。同时，采用先进的信号处理技术，能同时发现并跟踪多个目标。20 世纪 70 年代以后，潜艇声呐普遍采用数字计算机和微处理器，进行信号处理和全系统的控制和监视，使获取信息的数量、质量大幅度提高，操纵控制和检修更为方便，提高了声呐的战术技术性能，增强了可靠性与维修性等。

潜艇声呐的种类与水面舰艇声呐基本相同：按功能分类，有警戒声呐、探雷声呐、通信声呐、识别声呐、被动测距声呐、环境噪声记录分析仪、声速测量仪、声线轨迹仪等；按基阵安装位置分类，主要有艇艏声呐、舷侧阵声呐、拖曳式线列阵声呐。艇内各声呐之间可进行数据传递，几部声呐可共用一个换能器基阵或某些信号处理部件，或者共同配合完成一项任务。现代潜艇大多将多部声呐的功能设计成综合声呐系统，系统中配置有集中显示和操纵的显控台，其特点是信息综合性强，便于集中控制。

现代潜艇声呐的换能器基阵配置包括以下三种方式。①贴镶式基阵。该基阵布设在艇壳表面，有的在艇艏外壳布设马蹄形阵，有的沿整个舷侧或耐压壳体上部布设线列阵。贴镶式基阵不破坏艇体线型，不占据艇内空间位置，能争取到较大的基阵尺寸，从而提高声呐性能。②艇艏空间安装方式。在现代潜艇上，利用有利于声呐工作的艇艏空间来安装大型换能器基阵，有的还将艇艏鱼雷发射管移至基阵后两侧。③拖曳式线列阵。平时保持在收放绞盘上，使用时从尾部放入水中。

潜艇声呐系统以被动工作方式为主，对周围海域内的目标进行警戒、探测、跟踪、识别和定位。主动工作方式只是在鱼雷射击前，用以对目标定位，为鱼雷武器射击指挥系统提供目标精确坐标数据。潜艇声呐系统还不断对所在海区的声传播条件和本艇噪声进行监测和分析，以便选择最佳的战术机动和声呐使用方式。现代潜艇声呐一般都能选择利用直达声、海底反射声、会聚区和深海声道等水声传播途径进行工作。当潜艇以低速航行时，潜艇声呐选择不同的传播途径，对舰艇最大探测距离的典型值不同。

潜艇声呐系统的发展趋势：研制具有更高定位精度的被动测距声呐，以满足水中武器实施全隐蔽攻击的需要；继续发展采用低频线谱检测的潜艇拖曳线列阵声呐(如数百米的长线阵和多条线阵)，实现对安静型潜艇的远程探测和识别；研制更适合于浅海工作的潜艇声呐，解决浅海水中目标识别问题;大力降低潜艇自噪声,改善潜艇声呐的工作环境。

(三)航空声呐

航空声呐,又称机载声呐,是指装备在反潜巡逻机、反潜直升机和反水雷直升机上的各种声呐。航空声呐是航空反潜和反水雷的主要探测设备,具有体积小、质量小、基阵远离载体、受载体噪声干扰小等特点。航空声呐用于对水下潜艇进行搜索、定位、识别、跟踪和监视,与己方潜艇进行水中通信,保障机载反潜武器的使用,也可以引导其他反潜兵力对潜艇攻击,还用于直升机扫雷时对水雷的探测和识别。使用航空声呐进行对潜搜索,机动性能好,效率高,不易被潜艇发现和攻击。航空声呐的使用,延伸和增强了反潜舰只的反潜作战能力,成为获取反潜信息的重要手段。

航空声呐包括航空吊放声呐、航空拖曳声呐和航空声呐浮标三类。

航空吊放声呐由反潜直升机在低空悬停,通过电缆将声呐基阵垂入水中探测目标。吊放声呐在低噪声环境下工作,深度可变,能够充分利用水文条件,对潜艇探测可以达到较高的精度;吊放声呐基阵大多将发射阵和接收阵分开,均为折叠式,接收阵可水平展开,发射阵可垂直展开,增大了基阵的孔径,能够工作于较低的频率,探测距离大为提高。常规的吊放声呐换能器阵入水深度为 150 m,声呐工作频率在 10 kHz 左右,探测距离浅海一般为 5 海里左右,在深海最大距离为 10 海里以上。使用吊放声呐对潜探测时,通常采用跳跃式逐点搜索。航空吊放声呐的工作过程:直升机飞临探测海域,在探测点上空低空悬停,将声呐探头垂入水中一定深度,进行主动式探测或被动式监听;在一个探测点探测完毕后,将探头收回,转移到新的探测点,重复上述过程;相邻两探测点的距离一般取吊放声呐最大探测距离的 1.2~1.6 倍。

航空拖曳声呐为拖体式声呐(变深声呐),主要用于探测水雷,由反水雷直升机将基阵拖曳于水中探测目标。声呐换能器阵装在拖体内,在一定拖速下可调整拖缆长度来改变拖曳深度,以适应不同水文条件的变化。

航空声呐浮标是一种空投布放的声学探测器,一般装备于反潜巡逻机和反潜直升机。根据用途的不同,有被动声呐浮标、主动声呐浮标、通信声呐浮标、温度深度测量浮标和海洋环境噪声测量浮标等类型。声呐浮标由飞机投放到指定海域,入水后自动展开为两部分,上部为无线电收发部分,下部为水声换能器。声呐浮标多属一次性使用的消耗性器材,入水后由电池供电,存活时间一般为 0.5~8 h。航空声呐浮标的发展趋势:降低工作频率,使用孔径更大的基阵,如采用折叠式大接收阵、大孔径的水平或垂直线列阵;提高主动探测的抗混响和抗多途干扰的能力;增强投放控制能力,减小体积、质量,以及进一步提高成活率;先进的声呐浮标布阵技术将在航空声呐中得到广泛应用。

(四)海岸声呐

海岸声呐,亦称"岸用声呐",是将基阵固定布设在近岸海底的声呐,是固定声呐监视系统的主要设备,由声呐基阵、海底电缆和增音机、电子设备组成。海岩声呐通常用于海峡、基地、港口航道和近岸海域对水下潜艇的警戒和监视,引导反潜兵力对敌潜艇进行攻击。海岸声呐工作时,基阵接收到的目标信息,通过海底电缆传送至陆上的信息处理和显控设备,多采用被动工作方式,有的也采用主动工作方式。

第三节 声学雷达

声学雷达是利用雷达原理,发射定向声脉冲并接收其散射回波,以测量回波强度和目标物距离的设备。声学雷达是探测大气边界层气象要素(如层云、逆温和锋面等)的有效工具。

一、声学雷达的原理

声学雷达用于探测低层大气的温度和风场的结构。声学雷达定向发射一定频率的强声脉冲,接收声散射回波。分析声散射回波强度,可以判断大气的热力结构(如对流强弱、对流高度、逆温层等)和湍流情况,比较发射的声波和声散射回波频率的差异,可以计算风向、风速随时间和高度的变化。由于声波在大气中传播衰减很大,所以声学雷达的探测高度受到限制,一般仅达 1 km 左右的高度。

声速受大气的温度和风速影响,当大气的温度和风速分布不均匀(有脉动)时就会对声波散射,而且声波的散射率要比电波或光波的散射率强 1×10^6 倍。因此,用声波来测量温度和风的脉动很灵敏。

二、声学雷达的分类

一套完整的声学雷达探测系统由天线、发射机、接收机、时序逻辑电路、数据采集和接口、微处理器、打印机和显示器、电源等几部分组成。目前研制的声学雷达有单点声学雷达和多普勒声学雷达两种。

单点声学雷达探测系统由天线、发射机、接收机组成。它的发射和接收共用同一天线,可用于测定风向、风速,研究温度层结的时空变化以及逆温的高度、结构和生消规律,测定混合层的厚度等。

多普勒声学雷达是向大气发射声脉冲,通过分析不同时间所反射回波信号的强度、多普勒频偏来确定大气各分层风速、风向,以及湍流结构的气象仪器。为了能测湍流大气中三维风场,需要多个天线组阵探测。其最早由澳大利亚科学家 McAllister 等在 1968 年开发,20 世纪 70 年代初,美国科学家 D. W. Reran,C. G. Little 理论上证明了利用声学回波探测技术通过测量回波多普勒频偏来计算大气风速以及逆温层结构的实际可行性。多普勒声学雷达测量三维风速、风向的原理由 Beran 提出,我国于 1980 年进行过初步试验。

用声学雷达测量大气中的风速,首先要合理地设计和选取声学雷达的参数,精确地测量多普勒频偏值,其次要在声学雷达回波信号中正确地识别和提取可靠信号,以减少环境噪声对声学雷达测风所造成的误差。此外,声波在大气中传输时,气象要素的平均量和湍流特性,对风速测量的精度和可靠性会产生影响,为此,对声学雷达探测的风速与气象仪器直接测量的风速进行比较是十分必要的。在此基础上,对声学雷达测风误差做合理修正,会进一步提高声学雷达探测的精度和可靠性。

三、声学雷达的应用

声学雷达具有灵敏度高、生产成本低,能获得独特的边界层湍流的动力和热力结构等优点,目前已广泛用于边界大气层的探测。例如,在机场、航空中心、靶场、核电站等,声学雷达用来测量边界层的风和湍流变化。将声学雷达测得的大气参数输入污染扩散模式,还可用于环境监测和预警。

目前,低空风测量手段主要有风廓线雷达、激光测风雷达和声学雷达:风廓线雷达低空探测能力差,成本高;激光测风雷达探测性能受能见度影响大,寿命短,成本高,在风电领域应用有限;声学雷达能够探测 10~200 m 范围的风速、风向、垂直气流,探测精度高,分辨率小,无需建塔,安全性高,建设、使用、维护方便,成本低,寿命长,环境适应能力强,是一种有效的风电场测风手段。

第四节 微声枪械

普通枪械在射击时往往产生强烈的噪声,这会暴露射击阵地、损伤射手听觉和妨碍通信,因此人们希望减小枪械射击时的噪声,微声枪械便应运而生。尤其是当今世界上低强度冲突不断发生、恐怖与反恐怖斗争频繁,各国对微声枪械的发展日益重视。现在不仅有了微声手枪、微声冲锋枪,而且有微声狙击步枪、微声突击步枪和微声霰弹枪等。这些微声枪械之所以能实现微声效果,全都离不开物理原理。

一、枪械射击噪声的产生原因

要消除枪械射击时的噪声,首先要了解产生噪声的原因。从物理学的角度来分析,枪械射击时的噪声主要包括膛口噪声、弹道噪声和机械撞击噪声。膛口噪声是弹头飞出枪口的瞬间,枪膛内的高压火药气体从枪管内以超声速冲出,急剧膨胀,并与大气混合、剧烈摩擦,产生涡流和激波,使周围空气发生强烈的振动,从而形成声音向四周传播。显然,火药气体的速度越大、压力越高,声音越大。弹道噪声则是高速飞行的弹头与空气发生摩擦,产生涡流和冲击波而发生的声振动现象。当弹头速度接近或超过声速时,由于引起激波,声音会明显增大。机械撞击噪声是由射击时武器的运动零件相互撞击而产生的,尤其是自由枪机式自动武器的复进到位的撞击声更为明显。

由于前者远大于后两者,所以一般说的枪炮噪声就是指膛口噪声,而膛口噪声主要来源于膛口气流流场。

膛口气流流场结构及其性质,经美国普林斯顿大学等的初期研究及后来美国陆军弹道研究所的密特等,和我国原华东工程学院弹道研究所的李鸿志大量实验研究,已经基本清楚了。

膛口流场包括初始流场与火气体流场。初始流场是膛内弹头加速运动压缩弹前空气柱喷出膛口形成的;火药气体流场(见图 2-4)是弹头飞出膛口后火药气体喷出膛口形成的。

初始流场包括初始冲击波与初始射流。初始冲击波是弹头在膛内加速运动,压缩弹前空气柱及少量火药漏气形成弹前激波,其过程为典型的一维活塞推动压缩波叠加为冲击波的过程,初始冲击波出口膨胀运动与激波管出口的冲击波运动十分相似,初始冲击波的强度在膛口为最大值,出口后做轴对称膨胀运动,随后成为以一定速度衰减的球形冲击波,由于它的强度较弱(如在 7.62 mm 步枪枪口 3 倍口径远处的初始冲击波压力 $2×10^5$ Pa),所以对周围环境的影响不大,一般无须考虑。初始冲击波出膛口的同时,波后气体由于压力比 $p_e/p_0 \gg 1$,所以在膛口形成的膨胀不足射流,即初始射流。初始射流具有光滑连续的外形,初始射流的基本特征与后面所述的火药气体射流相似,射流内有一超声速核心,也出现瓶状激波,不同的是其压力比远小于火药气体膛口压力比。

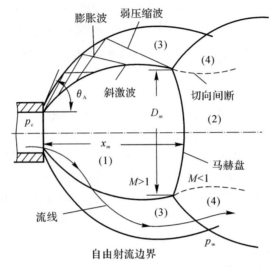

图 2-4 火药气体流场

M—马赫数;D_m—激波喷注口直径;x_m—激波瓶长度;θ_A—膨胀波扩张角;
p_∞—远离激波的流体中的静态压力;p_c—激波临界压力。

火药气体射流是弹头飞出膛口后,高压高温高速火药气体喷出膛口形成的,由于出口压力比很高(如 7.62 mm 枪口压力比可达 373),所以形成了高度膨胀不足射流,其特征是射流内包含一个瓶状激波系,称为激波瓶,其瓶底是正激波,称为马赫盘,瓶侧边为斜激波。火药气体出口后,主要在瓶区(1 区)内膨胀,气流速度从膛口的一个马赫数迅速升高到几个马赫数的超声速气流,压力、密度和温度相应下降。超声速气流流经正激波的马赫盘后变为亚声速(2 区),而压力温度陡增,之后由于气流又继续膨胀,所以出现类似拉伐尔喷管边界形状的切向间断面,气流经拉伐尔喷管最小截面后,气流又变为超声速。在激波瓶侧的斜激波和自由射流边界之间为超声速区(3 区),气流经反射激波流入 4 区(切向间断面与自由射流边界之间),也是超声速区,在靠近三叉点附近与 4 区的流动十分复杂,流线明显弯曲,靠近切向间断附近的气体压力与 2 区相等,速度与 2 区平行但不相等。围绕超声速自由射流的边界,是一层火药气体与空气相混合的湍流区,也称烟环。它是一个强湍流涡流区,一边迅速扩大一边向前推进,直至被空气吞没。它也可能被点燃,形成大范围的火焰,即所谓的二次焰。

膛口冲击波是膛口火药气体膨胀不足射流的必然产物。弹头一出膛口,膛口冲击波就在膨胀的火药气体边界形成,由于火药气流与初始气流的相互作用,以及弹头对气流自由膨胀的干扰,所以使冲击波在轴向比侧向发展缓慢,之后由于气流加速,部分气流超过弹头,并在弹底产生激波。因弹底激波和马赫盘的存在,使超前的气体成为独立的气团,称冠状气团。由冠状气团的膨胀而产生冠状冲击波,是紧贴于膛口冲击波上的一个弧面。由于冠状冲击波强度比膛口冲击波弱,所以后来逐渐被膛口冲击波赶上,并且合并发展为一个球形的膛口冲击波。

膛口冲击波不同于爆炸冲击波,爆炸冲击波是能量瞬间释放,而膛口冲击波是能量连续释放的过程(虽然时间也很短)。它是通过与火药气体射流的接触面而不断获得能量,射流中瓶状激波的生长、稳定与衰减的过程就反映了这种能量的传递与脱离的性质。脱离接触后的膛口冲击波依靠自身的压力与速度继续向外膨胀,直至衰减为声波为止。

随着膛口火药气体的喷出和逐渐流空,膛口气流参数不断变化,膛口流场也经历了一个发生、生长和衰减的过程,直到火药气体后效期终了。

在膛口流场中还有弹头激波。弹头激波是在弹头飞离膛口火药气体的卷流之后,由其超声速的飞行在弹尖处形成的激波。

由表2-1可知,枪炮噪声的声功率和声功率级相当可观,大口径机枪噪声的声功率甚至接近火箭的声功率。实验证明,枪炮膛口噪声的声功率与膛口火药气流的功率成正比,其比例系数大约从小口径枪的 0.000 42 到大口径枪、炮的 0.004 4,大口径枪、炮的声效率也接近火箭的声效率。膛口声功率与膛口气流参数有一定的关系,一般来说,膛口气流的压力速度越快,膛口声功率也越大。膛口口径越大,声功率也愈高,其定量关系将在枪炮噪声的预测中再作详述。

表 2-1 各类枪的膛口噪声的声功率和声功率级

武 器	声功率/W	声功率级/dB
59 式 9 mm 手枪	572	147.6
56 式 7.62 mm 冲锋枪	3 591	155.6
53 式 7.62 m 步枪	5 370	157.3
美 M16 5.56 mm 自动步枪	4 467	156.5
54 式 12.7 mm 高射机枪	59 800	167.8

二、枪炮噪声的指向

枪炮脉冲噪声以其极短的上升时间、突出的声压峰值、短的持续时间和复杂的压力-时间波形为特征,并具有连续的宽带频谱和较强的指向性。

指向性是表示声源在不同方向辐射声能量的差异性。通过大量实验得知:枪炮噪声有较强的指向性,在被测武器中,大部分声能都集中在±75°方位角范围内,在90°方位的声压级大致等于圆周上的平均声压级。随着方位角的增大,声压级逐渐减小,指向性图呈桃形。

首先,枪炮口噪声的指向性与其主要声源的膛口冲击波有密切关系,膛口冲击波是球心以一定速度沿轴向前移动的球形冲击波。因此,冲击波球上各点的绝对速度 D 就是球心速度 v_0 与波阵面相对速度 v_c 的矢量和。

桃形曲线是等速(也是等压)线,等速(压)线反映了膛口冲击波的方向性,其图形与膛口噪声指向性图相似,这说明膛口冲击波是膛口噪声指向性的主要影响因素。

在指向性图 2-5 中,54 式 12.7 mm 高射机枪噪声指向性与其他枪炮有不同,即在180°方位的声压级略有增加,这可能与大质量的自动机撞击枪尾而形成的冲击声影响有关。

其次,枪炮口噪声的指向性还与噪声频率的方向性有关。从各方位噪声的频谱分析知道,枪炮口噪声在膛口射流方向的小角度范围内,低、中频噪声辐射较强,大角度范围内高频成分较多,如图2-6所示。而多数枪炮的峰值频率f_{max}又在中、低频范围,这样反映在枪炮噪声指向性图上就显示为前方小角度范围的声能较强,而后方较弱。

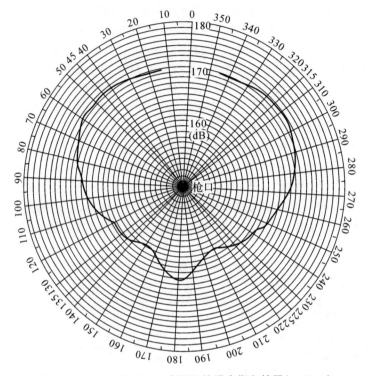

图2-5 54式12.7 mm高射机枪噪声指向性图($r=2$ m)

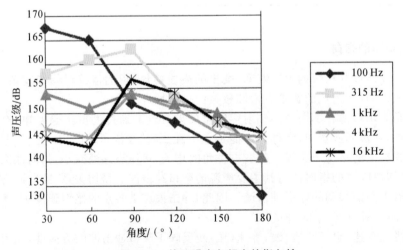

图2-6 枪口噪声各频率的指向性

关于膛口噪声的指向性,还在同一武器上分析过不同装药量ω(也就是改变膛口的压力、速度等参数)下,声压级L_p随方位角φ变化的关系,如图2-7所示。可以看出,几种不同装药量即改变膛口压力、速度等后,声压级随方位角变化的曲线极相似,声能量都集中在前方小角度范围,这说明膛口噪声指向性具有一定的规律性。

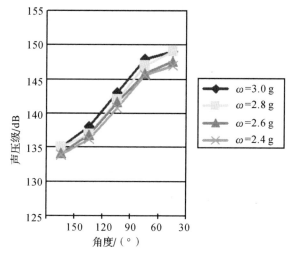

图 2-7　不同装药量枪口噪声的指向性

膛口噪声的指向性对设计膛口装置具有指导意义,可以利用指向性设计适当方向的侧孔,以减小射手区的噪声。

三、低膛口噪声的物理措施

要使枪械"微声",必须针对噪声产生的原因采取一定的消声措施。为了降低膛口噪声,必须降低膛口压力和火药气体的冲击速度,减小枪口噪声能量;或使枪口气体与周围空气缓慢地混合,以控制相应的噪声。为了降低弹道噪声,则要求弹头的初速低于声速,这对于射程远、威力较大的机枪和步枪显然是不太合适的。而机械撞击噪声则难以消除,这也正是枪械射击时不能完全无声的原因。在三个噪声源中,膛口噪声大于弹道噪声和机械撞击噪声,因此,微声枪械主要应该降低膛口噪声。

从目前情况看,降低膛口噪声一般采用枪口消声器或配用专门的消声枪弹。世界上第一个枪口消声器是1908年由美国人海勒姆·史蒂文斯·马克沁利用涡流消声原理研制成的。从物理学原理来看,目前已被应用的枪口消声器有多种,例如膨胀型多腔消声器、枪管开孔消声器、吸热消声器、密闭消声器、涡流消声器等。膨胀型多腔消声器是在枪口前方安装一个大容积膨胀室,中心有孔,以便让弹丸通过,而高温、高压的火药气体却不能顺利通过,必须经过多次膨胀,以达到降压、降温、降速、降音的效果。枪管开孔消声器就是在消声筒后半部套住的枪管上开一些细小的排气孔,用以释放枪膛内的一部分火药气体,减小枪口处的气体压力。吸热消声器是在消声器内安装吸声材料和吸热结构,使火药气体冷却,压力减小,从而降低噪声。密闭消声器是将火药气体封闭在消声器内,以达到降低噪声的目的。涡流消声器是使火药气体产生涡流,降低中心部位压力,延缓气体流出速度,从而降低噪声。实际中,常将几种消声技术进行综合应用。

目前使用的消声枪弹主要有两种:一种是简装药专用枪弹,装药量大约是同类制式枪弹的1/14,也就是通过采用低的装填密度和减少装药量来降低弹丸的出口初速,以起到消声作用;另一种是射击后能封闭火药气体外泄的消声枪弹。例如,苏联的可与 PSS 微声手枪相配用的 7.62 mm×42 mm SP-4 消声枪弹,采用能承受较大火药气体压力的厚壁铜钢弹壳,圆柱形结构,尾端有一个与活塞配合的锥形凹槽,保证发射时弹头嵌入膛线并且在枪管内正常运动。发射时底火击发药点燃发射药,推动活塞向前运动,活塞推动弹头进入枪管,弹头嵌入膛线产生旋转后从枪管内发射出去。此后,活塞被弹壳收口限制在斜肩部位,高温、高压的火药气体被密闭在弹壳内。随着时间的推移,慢慢释放,从而达到消声的目的,发射时,除了能听到枪械运动部件的撞击声,几乎听不到其他声响。

四、枪口消声器的典型结构

枪口消声器的内部结构主要有网式、隔板式和封闭式。

网式消声器的消声筒内部有金属丝网,射击时枪口喷出的高压火药气体进入金属丝网,膨胀、减速,大部分能量被消耗掉,金属丝网起到了降压、降速、消声的作用。这种消声器的结构简单,但不易擦拭保养,寿命较短,连发射击时气体不易排出,消声效果也会随之减弱。

隔板式消声器通过在消声筒内安装不同形状的消声隔板,使火药气体产生多次迂回膨胀,消耗能量,降低火药气体的出口速度。例如,国产85式微声冲锋枪的消声器就是这种结构。

封闭式消声器是在枪口部前装一个以橡皮密封的消声筒,当弹丸穿过橡皮后,橡皮由于弹性作用而很快收缩,火药气体被密封在消声器中,从而起到抑制膛口噪声的作用。例如,捷克的蝎式7.65 mm 微声冲锋枪的消声器,由一个比枪管容积大得多的巨大膨胀室和封闭膨胀室的橡皮垫组成,这种消声器效果好,但多次射击后橡皮磨损,密封效果减弱,故不耐用。因此,有的消声器在出口处安装像照相机快门一样的机械装置,靠火药气体自动打开,待子弹发射后迅速关闭,以阻挡火药气体冲出。

实际的枪口消声器常常综合应用多种结构形式。例如,国产67式微声手枪采用的是网式和封闭式结构。全部消声元件装在薄壁套筒内,其后部与枪底把连接,前部有螺纹连接筒盖,前上部焊有准星。为了降低手枪膛口压力,在距枪管尾端25 mm 处开有对称的4个直径为3 mm 的排气孔,在排气孔外罩有由铜丝网卷成的后网,起一定的消声作用,在枪管口部也罩有枪口网,又一次起到消声作用。另外还设置了两个橡皮碗,每个碗中心有一个直径为5 mm 的孔作为弹丸通道,由于弹性作用,橡皮碗可用于屏蔽因高压火药气体喷出而产生的噪声。又例如英国的9 mm"斯太令"L34A1式冲锋枪,枪管开了许多径向孔,用于外泄火药气体,外泄的火药气体通过扩散管和套筒之间的铜丝网吸热、消耗能量;在枪管前部消声器的延长管内装有螺旋扩散装置,弹头穿过螺旋扩散装置中间的孔后,气体紧跟其后形成旋转流,经过消声器前壁的反射,同迎面而来的气体相碰撞,消耗能量,降低初速,起到了较好的消声作用。

消声器与枪械的连接方式有枪口式、整体式和积木式。枪口式是将消声器通过螺纹与卡箍固定在枪口,便于拆装;整体式是将消声器全部或局部包络住枪管,与枪管结合牢固、准确;积木式可以将消声器和枪管整体从枪上快速取下,以便换上常规枪管。

任何事物都是一分为二的,有利也会有弊。从物理学知识不难理解,安装消声器后可以降低膛口压力和气流速度,从而达到降低膛口噪声的目的,但是这也会引起弹丸出口速度下降,使弹丸的有效射程减小、飞行稳定性降低;弹丸出口速度降低还会引起因后坐冲量减小而影响自动枪复进器正常工作等不良现象。有时为了克服这些影响,又必须采取一些补救措施,许多国家对此都做了专门研究。

第五节 次声、超声、强噪声武器

一、次声的特性及军事应用

次声是指声波的震动频率低于 20 Hz 的声波。在自然界中,次声存在的范围相当广泛,风暴、海浪冲击、河水流动、地震、火山爆发乃至机器振动等,都会发出次声。

(一)次声的特性

次声的穿透能力很强,可以穿透建筑物、掩蔽所、坦克和潜艇等障碍物。7 000 Hz 的声波用一张纸即可隔挡,而 7 Hz 的次声用一堵厚墙也不能隔挡。

次声的频率与人体的固有频率相近(人体各器官的固有频率为 3～17 Hz,腹部内腔的固有频率为 4～6 Hz,头部的固有频率为 8～12 Hz),当次声作用于人体时,人体器官容易发生共振,引起人体功能失调或损坏,轻者全身不适、头晕、恶心。如果次声的功率很大,人体受其影响后,便会呕吐不止、呼吸困难、肌肉痉挛、神经错乱、失去知觉,甚至内脏血管破裂而丧命。

在 20 世纪 30 年代,美国一物理学家将一个次声发生器带入剧场,结果发现周围的人由于受其影响而出现恐慌不安、迷惑不解的神情,这种状况逐步蔓延到整个剧场。20 世纪 60 年代,法国的某科研机构也进一步研究了次声对人体的危害。

(二)次声的军事应用

在军事工程中,次声有着广阔的应用前景。由于次声在介质中传播衰减慢,将其用于军事侦察,效果极佳。频率为 0.1 Hz 的次声波在大气中传播时的衰减率是 1 000 Hz 声的一亿分之一,其传播速度为 300 m/s,1 h 可传播 1 200 km。因此,利用次声接收器及辅助设备,可以有助于很快地侦察、分析敌情。次声在水中的传播速度可达 1 600 m/s,更是水中侦察的"好帮手"。另外,次声在传播过程中,无声、无息、无光亮,不易被敌方发觉,因而制成的次声武器隐蔽性好。次声的穿透性能好,即使坦克、装甲车内的乘员也难以逃脱次声武器的袭击。

目前已研究出两类次声武器。一类是伤害人脑的神经摧毁型次声武器,它发出和人脑震动的频率 8～12 Hz 接近的次声。这种次声和人脑发生共振,损害人的神经系统,影响人的意识和心理,轻的使人感到不舒服,注意力无法集中,难以从事复杂、细致的工作,有的时候还会出现头痛、恶心、心跳加快、恐惧不安等,重的会使人神经错乱、休克、丧失思维能力。另一类是损伤内脏的器官杀伤型武器,它发出 4～8 Hz 的次声,这种次声波和人的五脏六腑震动频率相接近。次声与人的内脏发生强烈的共振,轻的使人肌肉痉挛、全身颤抖、呼吸困难,重的可以造成器官破裂、内脏损伤,甚至使人死亡。

为了把次声作为一种致命的武器使用,必须使其能高强、定向、聚束传播,这还需要军事科学家们作出很大的努力。目前,根据产生次声的不同原理,可将次声武器分为以下几种类型:气爆型、炸弹型、管型、扬声器型、频率相减型等,其中,又以气爆型和炸弹型最引人注目,所谓次声枪和次声弹实际上分别属于气爆型次声武器和炸弹型次声武器。

二、超声的特性及军事应用

超声波是一种频率高于 2×10^4 Hz 的声波,它的方向性好,反射能力强,易于获得较集中的声能,在水中传播距离比空气中远,可用于测距、测速、清洗、焊接、碎石、杀菌消毒等。在医学、军事、农业、工业上有很多的应用。

(一)超声的特性

超声波是指震动频率高于 2×10^4 Hz 的声波,其每秒的震动次数甚高,超出了人耳听觉的一般上限,人们将这种听不见的声波叫作超声波。

超声波具有很多特点:超声波在传播时,波长短,方向性强,能量易于集中;超声波能在各种不同媒质中传播,且可传播足够远的距离;超声波与传声媒质的相互作用适中,易于携带有关传声媒质状态的信息诊断或对传声媒质产生效用及治疗;超声波可在气体、液体、固体、固溶体等介质中有效传播;超声波可传递能量;超声波会产生反射、干涉、叠加和共振现象。

超声波是一种波动形式,它可以作为探测与负载信息的载体或媒介(如B超等)用作疾病诊断;超声波同时又是一种能量形式,当其强度超过一定值时,就可以通过与传播超声波的媒质的相互作用,来影响、改变以致破坏后者的状态、性质及结构,从而用作疾病治疗。

(二)超声的军事应用

超声武器利用高能超声波发射器,产生高频声波,造成强大的空气压力,使人产生视觉模糊、恶心等生理反应,使对方战斗力减弱或完全丧失。这种武器甚至能使门窗玻璃破碎。而且躲进坦克与防空洞内也不能避免,它可以穿过 15 m 的混泥土墙与坦克钢板,严重的话直接使人死亡。

据称,美国已经研制出一些频率超过 2×10^4 Hz 的超声武器。美国一家科技公司还研制出了一种便携式噪声枪,以电池为动力,能发出高达 140 dB 的刺耳射击声,使人瞬间头晕目眩,失去自制能力。

美国近年来还在研制其他一些声音武器,如程序引爆声弹、高强度声波发生器等。事实上,任何非致命性武器,无论其构造和原理是否精妙,都会对士兵产生较大的心理影响,其实质在于摧毁对方的抵抗意志,从而控制敌方士兵。

三、强噪声的特性及军事应用

(一)强噪声的特性

人们很早就发现,连续、长时间作用的强噪声不仅对生物产生严重影响,而且会使物体"声致疲劳"。例如,飞机、导弹、坦克等因强噪声在较宽的频率范围内引起结构部件发生共振,在应力和应变的反复作用下而引起人体器官损伤。在强噪声场中,如在频率为 500 Hz,声压级为 60 dB 的正弦波中,空气质点的振动位移超过 2 mm,振动速度约为 7 m/s,振动加速度大于 1 960 m/s²,产生了强大的声压。

强噪声对听觉器官的影响最为直接、明显。在高声强、宽频带的连续噪声作用下,听觉器官的耳郭、中耳、圆窗膜等都有不同程度的损伤。若把声强与作用时间的乘积定义为噪声作用量,则随着噪声作用量的增长,听觉器官的伤情趋于严重。但在一定的噪声作用量范围内,受损伤的听觉器官是可以恢复或部分恢复的。强噪声不仅会造成动物和人听觉器官的损伤,而且会严重影响内脏器官和神经系统等。强噪声造成内脏器官损伤最严重的是肺、胃和盲肠等空腔器官。强噪声的生物效应研究是非致命强噪声武器的理论基础,同时对于安全防护、救死扶伤也具有重要意义。

(二)强噪声武器

噪声武器的工作原理就是制造一个受人控制的声源,使其发生理想的噪声。所谓理想的噪声有两层意思:一是发生高分贝的声音;二是发生各种预想的声音,如雷声、狼吼虎啸等。

强噪声武器是声学武器的一种,主要部件是声响发生器。它能发出对人体产生扰乱和破坏作用的噪声,从心理上和肉体上进行杀伤,引起人脑功能减退、暂时丧失行动能力甚至昏迷,高强度噪声可使人丧生。噪声武器的用途广泛,尤其适用于一些特殊事件。噪声武器因其投放形式不同而分为三种类型。

一是噪声炸弹。噪声炸弹是一种利用噪声制成的新式炸弹。该弹爆炸后会发出高达 172 dB 的巨响。由于人们在正常的情况下只能承受约 90 dB 的噪声,所以这种炸弹爆炸时产生的噪声波,可使人的听觉和中枢神经产生麻痹,造成短时间的昏迷。噪声炸弹用途广泛,特别是在处理劫机、绑架等特殊情况下更为有效。噪声炸弹可由飞机运载,到达目标上空后空投下去,在离地面 3 000 km 左右的高度打开降落伞,启动定时装置,噪声开始释放,由于此种炸弹其实不发生爆炸,弹体也很轻,所以它能在空中漂浮较长时间。因此,噪声炸弹运载工具成了主体,能否达到理想的效果主要看飞机的性能和飞行员的技术的好坏。它的优点是相对精确,缺点是易被敌方发现并遭到拦截。

随着研制的无人飞机越来越先进,作战指挥部门可派遣隐身无人战斗机突入目标上空,投放噪声炸弹。这样可减少飞行员的牺牲,因为即使无人机被拦截,噪声炸弹仍可投出去。例如,美国研制了新一代无人战斗飞行器(UCAV)。该飞行器的外形独特,机身采用双三角形设计,无尾翼,并采用一对海鸥翅形的机翼。无尾翼设计可极大地减小该飞行器的雷达反射面,而海鸥翅形机翼可增强飞行器的横向稳定性。机头部的一对前翼则可在进行高机动飞行时增强对飞行器的控制。该飞行器的高度仅为 1.83 m,可停放在极易被地方卫星及侦察机忽略的小型掩体中。武器舱位于机身下部,可携带 226 kg 或 454 kg 的联合直接攻击弹药(JDAM)、45~113 kg 的小型智能炸弹或小型反辐射导弹。UCAV 主要执行压制地方防空系统、打击敌方纵深目标等高危险性的任务。

二是噪声导弹。运用现代导弹技术把制噪装备发射到目标区上空,它和普通导弹的不同点在于战斗部不是弹药。这种武器比飞机隐蔽性好,精确度高,但成本也高。

三是自然噪声武器。目前,这种武器是许多国家的首选。自然噪声武器的原理,是利用自然条件(主要是天气条件)作为运载工具,把制噪装备载到目标区。这种武器成本低廉,经济实惠,并且让人防不胜防。

思 考 题

1. "鸟枪"窃听器的工作原理是什么？
2. 声呐的作用原理是什么？
3. 次声武器有哪些优点？
4. 用声音做武器需要解决的核心技术问题是什么？
5. 枪口消声器的工作原理是什么？
6. 声学雷达的工作原理是什么？它会受到哪些因素的影响？
7. 声学防护的手段有哪些？声学防护可以应用到单兵防护装备中吗？

第三章 声学前沿

第一节 声纹识别

一、声纹识别的涵义和分类

(一)声纹识别的涵义

声纹指用电声学仪器显示且携带言语信息的声波频谱,是由波长、频率以及强度等百余种特征维度组成的生物特征,具有唯一性、差异性、稳定性、可变性、测量性等特点。由于任何人的发音器官的形态和尺寸都是独有的,所以不同人说话的声纹图谱绝不会完全相同。稳定性是指发音器官属于身体结构,因此声音一般不会发生大的变化。可变性是指声音可能受到生理、心理、模拟甚至干扰等问题的影响而发生变化。

尽管声音特征具有可变性,但是不同人的声音在语谱图中共振峰的分布情况不同,通过对个性特征的提取和分析,通常情况下仍然能够区别出不同人的声音,并完成对身份的识别和确认。声纹识别正是通过比对两段语音的说话人在相同音素上的发声来判断是否为同一个人,从而实现"闻声识人"的功能。

声纹识别,又称说话人识别,是从说话人发出的语音信号中提取声纹信息的技术。作为语音识别技术的一种,它是一种基于生物特征进行身份认证的技术,通过计算分析语音波形及行为特征的语音参数判断说话人的身份。但是,与语音识别不同,声纹识别是选用语音信号中表征说话人的生理和行为特征的个性信息作为判断标准的,比较的是语音信号中的个性特征。

(二)声纹识别的分类

根据不同的分类方法,可以把声纹识别分为不同的类型。

1. 文本相关和文本无关

与文本有关的识别系统严格要求用户群必须按规定的文本内容完成录制,在训练和识别的过程中也必须使用相同文本内容的语音数据。一旦用户的发音与规定的内容不符,就无法正确识别该用户。而且如果不法分子获取了文本内容信息,就有可能利用识别漏洞进行窃取行为。与文本无关的识别系统不需要规定说话人的文本内容,方便用户接受和使用,但设计中由于训练和测试阶段允许使用不同的语音内容,所以模型建立会复杂和困难许多,同时识别速度会减慢。

2. 说话人确认与说话人辨认

"说话人确认"实际上完成的是"一对一"的判别问题,判断结果只有"对"或者"错"两种,用以确认某段语音"是"或者"不是"指定的某个人所说的。"说话人辨认"则是一个"多选一"的选择问题,主要是用来判断一段测试语音与训练库中的哪一段语音相匹配,从而判断出语音属于众多说话人中的哪一个。当说话人辨认进行"二选一"的选择问题时,它也就等同于说话人确认了,因此二者在其本质上是一致的。

二、声纹识别的原理

声纹识别通常分为声纹注册和声纹识别两个部分,如图3-1所示。在这两个阶段,都需要从候选说话人的音频提取声学特征,将语音从时域变换到倒谱域上进行处理。

目前较常用的声学特征参数包括线性预测系数(Linear Prediction Coefficient,LPC)、线性预测倒谱系数(Linear Prediction Cepstrum Coefficient,LPCC)和梅尔频率倒谱系数(Mel-scale Frequency Cepstrum Coefficient,MFCC)等。其中,线性系数以人的发声模型作为出发点,梅尔系数以人的听觉模型作为出发点。

通过采用这些声学特征,通过映射模型将帧特征映射到表征说话人身份的段特征矢量(GMM-UBM,i-vector,d-vector,x-vector等)上,最后通过后处理对相似度打分,作出判决。

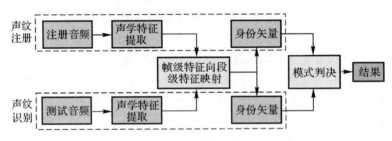

图3-1 声纹识别框架

声纹识别中最重要的两个模块是特征映射模块和模式判决模块。特征映射模块的训练以目前主流的x-vector为例进行说明,如图3-2所示。

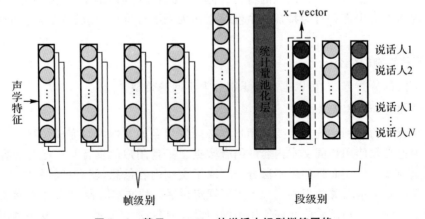

图3-2 基于x-vector的说话人识别训练网络

将声学特征映射到更有区分能力的段级别说话人身份嵌入矢量 x-vector,可以将不同时长的语音映射到固定维度的度量矢量上。为了得到非线性映射关系,在训练阶段,帧级别网络采用五层神经网络结构,前三层采用延时神经网络,可以更好地结合前后帧,上、下文的联系,后两层采用全连接神经网络。段级别网络首先对帧级别的网络输出进行统计量池化操作,分别计算所有时间帧的均值 μ 和标准差 σ 分别为

$$\mu = \frac{1}{T}\sum_{t=1}^{T} x_t \tag{3-1}$$

$$\sigma = \sqrt{\frac{1}{T}\sum_{t=1}^{T}(x_t - \mu)^2} \tag{3-2}$$

并将二者拼接,得到段级别的特征输入 $\tilde{x}$,即

$$\tilde{x} = \text{concat}(u\sigma) \tag{3-3}$$

段级别采用两层全连接网络,根据经验将第一层全连接网络的输出作为嵌入,会得到更好的效果。

模式判决模块中,对神经网络嵌入进行长度规整、中心化、白化、线性判别分析(Linear Discriminant Analysis, LDA)变换、概率线性判别分析(Probabilistic Linear Discriminant Analysis, PLDA)打分等步骤后,根据打分结果进行判决。长度规整可以消除不同嵌入之间幅度差异,LDA 变换后,说话人在判别空间中满足类间距离变大、类间距离变小,PLDA 可以补偿信道差异所产生的影响。在进行 PLDA 训练时,第 i 个说话人的第 j 段语音的嵌入特征 x_{ij} 可以表示成

$$x_{ij} = u + Fh_i + Gw_{ij} + \varepsilon_{ij} \tag{3-4}$$

式中:μ 是和说话人及信道无关的成分;F 是说话人空间;$Gw_{ij} + \varepsilon_{ij}$ 是说话人类内差异,属于干扰部分,则有

$$p(x_{ij} \mid h_i, w_{ij}, \Theta) = N_x[u + Fh_i + Gw_{ij}, \Sigma] \tag{3-5}$$

$$p(h_i) = N_h[0, I] \tag{3-6}$$

$$p(w_{ij}) = N_w[0, I] \tag{3-7}$$

式中:$N[\alpha, \beta]$ 表示均值为 α 方差为 β 的高斯分布。由于存在两个隐变量 h_i 和 w_{ij},所以需要采用期望最大化算法求解。最后采用训练好的 PLDA 模型进行打分,计算两条语音的对数似然比进行判决,即

$$\text{score} = \log \frac{p(\eta_1, \eta_2 \mid H_s)}{p(\eta_1 \mid H_d) \times p(\eta_2 \mid H_d)} \tag{3-8}$$

两条测试语音来自同一说话人的假设为 H_s,来自不同说话人的假设为 H_d,得分 score 越高,两条语音属于同一说话人的概率越大。

三、声纹识别的优缺点

(一)声纹识别的优点

声纹识别由于具有自身亲和性强、稳定性好和使用设备低成本的优点,使得其相对于其他生物识别技术具有更好的应用价值,必然在未来成为生物识别应用的主流。

1. 亲和性强

由于识别的是声音,所以采集过程比较贴近生活,不容易被抵触,进行声纹识别测试时,用户仅需要很简单地说句话就可以完成识别任务,不会涉及用户的隐私信息,很大程度上提高了大众的接受度。

2. 稳定性好

对于远程和移动互联环境的身份认证,声音几乎是唯一可以使用并信赖的生物特征,语音识别比其他生物识别技术更能简便、容易地满足安全性保证要求。

3. 使用设备成本低

信号的特征提取,模型训练和模式匹配过程用普通的计算机便可以完成,同时声纹识别的输入设备没有特殊要求,使用一个简单的话筒或者麦克风就能够完成语音的采集和测试。

(二)声纹识别的缺点

1. 易受噪声和伪装影响

声纹识别已经被证实在实验室环境下具有较好的识别率,但实际环境中总是包含各种各样的噪声,比如空调风扇的声音、音乐声、开关门的声音等,这些噪声不仅在一定程度上淹没了语音信号中所蕴含的说话人信息,还使得声纹识别系统无法准确获取说话人的声纹特征。在实际应用场景中,无接触式的声纹识别更需要远场的应用,但声音的传输随着距离的二次方反比例衰减,实际应用的复杂环境中有各种噪声的叠加,这会严重影响目标声音的信噪比和对声纹识别的性能。

模仿和伪装的声音,可能会导致系统作出错误的判别。而且,语音特征是可变的,人的情绪和年龄、身体的健康状况都可能使话语中携带的语音特征发生变化,从而改变识别结果,导致系统作出错误的判别。

2. 语音时长受限

语音时长对声纹识别的性能有着直接的影响。短语音测试条件下,测试语音所包含的说话人信息不均衡,导致训练与识别的匹配性严重下降。此外,短语音条件下测试语音中的信息量太少,不足以提供充分的区分性信息,使得声纹识别的混淆度变大。

要想得到准确的语音信息,就需要增加语音的内容量,增加语音的时长,但是客观上对内容较长的语音识别技术还不完善,实现起来比较困难,同时增加语音的时长会加大运算量,增加系统的反应时间。

3. 跨信道识别畸变

在实际应用中,语音信号可通过各种不同录音设备进行获取,如手机、固定电话、录音笔、专业采集设备等。不同的录音获取方式会导致语音信号传输信道的变化,使得语音信号发生频谱畸变。另外,在录制的过程中,难免受到线路或者是话筒噪声带来的不同信噪比的非线性畸变干扰进而影响声纹特征,降低了声纹识别系统的识别性能。

4. 特征参数不纯粹

提取的语音信号除了含有声纹识别需要的说话人特征,还包含文字内容信息,当前的技术还很难把二者有效分离开来,也就是说进行声纹识别时提取的特征参数并不是纯粹的个性特征,这也对识别成功率造成了影响。

四、声纹识别的军事应用

声纹识别技术应用领域广泛,在军事保密和军事通信等领域中有着重要的应用价值。

(一)军事保密

声纹识别技术在军事保密中有着重要的应用价值。在军事计算机系统和核心要害部位的封闭管理中,应用声纹识别技术进行身份认证,精确度较高,可以提升系统的安全性。一些应用声纹识别技术的新型计算机安全产品,可以在普通的 USB 加密钥匙基础上,增加声纹认证功能,并对计算机系统进行加密,保护计算机系统中的重要文件不被非法窃取、浏览、篡改、删除或破坏。

除此之外,在一些军事要地的核心部位,也可以应用声纹识别技术实施门禁管理,可以有效辨识合法进出者。保密管理系统可以根据输入的自然语音信号,进行访问者声纹身份认证,并自动开启或关闭门禁设施。

(二)指令确认

合理运用声纹识别技术对电话信道进行识别,可以有效防止敌方干扰,保证作战命令的顺利传达。在军事行动中,最常用的信息传递方法是电话,许多重大的决策和命令往往都是通过电话来下达的。应用声纹识别技术,可以对发令者的身份进行确认,也就是采用一对一的声纹确认技术,避免敌方间谍侵入己方指挥信息系统,发送假命令,从而扰乱己方行动。

由于在录音的过程中,模拟信号要经计算机处理转换为数字信号,同样,在放音的过程中,也要实现数字信号向模拟信号的转换,所以,即使合法用户的声音被窃密者偷录下来进行声纹认证,录制的声音经过模拟到数字、再从数字到模拟的两次信号转换,频谱会有明显衰减和失真,这种失真很容易被认证程序分辨出来。因此,即便是敌方采用伪装录音,运用声纹识别依然能够确认通话人的身份。适当调节声纹认证严格程度的阈值,保证在对声音变化和信道差异有一定鲁棒性的前提下,声纹认证的"错误接受率"和"错误拒绝率"可以降至1%以下。

(三)电子监听

声纹识别技术对说话人身份确认的作用在情报侦听中具有相当重要的价值。目前,该技术在军事情报工作中已经有所应用。据报道,曾迫降在我国海南机场的美军 EP-3 侦察机中就安装了声纹识别侦听模块。这一声纹识别系统功能强大,只要被侦察者通过无线电进行对话,在截获到对方通话后,监听系统能自动删除杂音,通过与声音数据库相对照,准确识别出通话者身份。

第二节 声学定位与识别

声探测技术是一种被动探测技术,产生于第一次世界大战,当时用来测定火炮的位置。经过两次世界大战,声测定位技术得到了空前发展。在第二次世界大战和朝鲜战争中,75%

的战场火炮侦察任务是依靠声测手段完成的。在20世纪60年代,声音探测技术被运用到美越战场中,用以采集作战人员、车辆的位置及方位信息,辅助作战决策。后来声测技术由于布设时间长、测量精度低、反应速度慢等原因,逐渐被雷达、红外、激光等探测手段取代。

时间切换至现代,陆地战场上开始出现越来越多的反侦察、反辐射技术的机型,传统的探测手段已经不能满足新兴武器发展的舞台。1980年以后,隐身飞机和无人机等高科技武器的井喷式发展让传统的雷达扫描和红外监测频频失误,反辐射导弹的出现让雷达"自身难保"。这时声学算法对低空目标探测的思想再次走进人们的视野,于是各国家开始陆续发展声探测技术。另外,随着科技生活的进步,低慢小航空器的发明和使用,以及我国境内对低空空域的解禁,促使我国逐步加强对声探测的研究与应用。

一、声学定位技术典型军事应用

(一)声学反狙系统

随着反狙击手探测系统研究的不断深入,人们不再局限于单一的声探测方式,而是将声探测和多种探测方式相结合,以期达到更好的效果。例如,1996年法国米特拉维公司研制的Pilar反狙击手定位系统,采用了声测定位为主、红外探测弹道信息为辅的方法,通过监测子弹划破空气产生的声场确定飞行轨迹。该系统主要由1~2个便携式探测阵列、数据界面采集模块和军用加固计算机三部分组成,灵便可移动,能够车载或船载,续航时间非常长,并且可以抗电磁干扰。该系统能在背景噪声较大的环境中,全天候、全方位实时观测和记录200 m范围内子弹飞行的弹道,1.5 s之内准确定位出1.5 km范围内小口径枪支的开火位置,甚至包括带有消音器的枪弹信号。在设备非移动的情况下,其定位误差仅为±2°,而车载或运动过程中的误差为±5°,三维方向俯仰角误差同样为±5°,定位计算用时1.5 s。由于其突出的战场性能,目前已被美国、意大利和澳大利亚等多国部队采用。

2003年,美国BBN雷神子公司研制了回旋镖一代(Boomerang Ⅰ)和二代(Boomerang Ⅱ)反狙击探测系统。该系统可以探测到步枪射击时发出的微小声爆,然后将声爆信息传送至中央控制站,来确定子弹的弹道、速度、高度和距离等信息,并通过子弹的飞行轨迹确定狙击手的射击位置。Boomerang Ⅰ系统可安装在"悍马"车辆上,虚警率低,不受风声、震动和己方反击枪声的干扰,可以通过无线传输的方式将定位结果发送给士兵。Boomerang Ⅱ在前者的基础上优化阵列结构、改进传输性能、提高定位精度,将麦克风直径从1 m降至0.5 m,方位角误差在±2.5°以内,定向时间仅为1 s。

2009年,美海军陆战队作战实验室、陆军研究实验室和美国应用研究有限公司联合研发了PDCue系统,系统反应快(小于0.1 s)、定位精度高(方位角误差±1°)、误警率低(小于0.1%),同样可车载,能用于战地轮式车,并在车顶四角安置天线,与早期设备Boomerang相比,改变了天线的外观和尺寸,伪装性更强,目前已经安装在美军的"汉姆威"和"斯特赖克"装甲车上并投入战场使用。该系统由4个安装在车辆上的低轮廓传感器阵列组成,可以提供360°全方位覆盖以及准确的目标空间坐标定位。PDCue系统不仅可以融合全球定位系统(Global Positioning System,GPS)传感器,在数字地图上显示狙击手的位置,还可以融合武器系统,继而实现快速消灭该狙击手的功能。美国应用研究有限公司称该系统可以实现与车辆子系统、传感器和遥控武器站之间的即插即用功能。

BBN 公司于 2009 年向美军交付的"飞镖勇士"可穿戴反狙击手系统,包括两个肩部探测模块、一个腕戴式显示屏,可 360°探测,在 50 m 内都有信号响应。2011 年,美军订购了 Qinetiq 北美公司推出的穿戴式狙击探测系统 Ears/SWATS,该平台小巧轻便,可在 113 km/h 的机动中准确探测狙击手,并且可检测范围在 300 m 以上,方位精度高达 7.5°。

反狙击手探测系统不仅可以防卫单个重要目标,还可以联合协同形成网络,防卫大面积目标。比如,以色列拉斐尔公司研制的小口径武器探测系统(Small-Arms Detection System,SADS)系统就可以通过电缆或无线连接的方式"成群"部署,从而实现对机场、兵营等大范围区域的监视。

(二)智能雷弹定位系统

国外在关于智能雷弹系统的研究中,广泛使用了被动声探测技术。智能导弹系统通过声探测确定目标的位置,实现对目标的精准打击。智能地雷主动定位出目标的位置,将位置信息反馈到爆炸控制系统中,控制引爆时间,在合适的时间和地点引爆,实现最有效的打击。

基于被动声定位技术,很多国家开发出多种反装甲地雷。如法国"玛扎克"声控增程反装甲地雷,美国的反装甲增程弹(Extended Range Anti-Armor Munition,ERAM)远程反装甲地雷。其中,美国的 ERAM 远程反装甲地雷主要用于攻击坦克顶部装甲,对车内人员、设备造成杀伤破坏,致使坦克丧失作战能力。该地雷由发射器、传感器、数据处理器和两枚带红外探测器的破片战斗部组成,装备于美空军 SUU-65/B 战术投弹箱内,空投后降落到地面伸出 3 根传声器天线,实时探测有效范围内的敌方目标。发现目标后,进行跟踪识别,发射器发射战斗部,战斗部上的红外探测器跟踪目标并适时引爆战斗部炸药。

被动声定位技术在反直升机地雷中也有应用。如美国 Textron 公司研制生产的地空式定向反直升机地雷(Anti-Helicopter Mine,AHM),主要由声传感器阵列、微处理机、引信、战斗部构成,能够对 6 km 以内的直升机进行探测,传声器阵列为平面八元阵列,臂长为 4 m。该地雷对直升机的探测主要通过传感器采集直升机飞行时螺旋桨叶片转动发生的声信号,对该信号进行特征提取与分析,可实现对直升机种类的判别。俄罗斯研制的"节奏-20"反直升机地雷,可在目标进入 2 km 范围时启动识别,进行直升机种类的识别,同时进行定位追踪,若目标进入 200 m 范围内,则直接启动引爆装置。该地雷操作简单,可布设于机场跑道附近,实现对直升机以及飞行速度较慢的飞机的打击。英国的反直升机地雷利用的是十字声传感阵列,可以对 6 km 以内的直升机进行定位,同时其长度为 4 m 的每个臂上都分布有 6 个传感器,可实现对直升机种类的有效判断。

声探测技术在英法研制的"阿杰克斯""阿皮拉"路旁反坦克地雷系统,美国 XM-93 广域地雷,以及美国研制的 Matrix 型智能地雷等中,也有一定程度的应用。

(三)无人机声学探测系统

近年来,随着反辐射无人机的发展,雷达面临着更严重的威胁。反辐射无人机不仅继承了反辐射导弹攻击雷达的特点,而且大量采用非金属材料,目标截面积小,雷达难以在强电子干扰环境中有效地对其进行探测和识别,同时由于其自身具有巡航能力,能长时间自动搜索和锁定雷达,所以很容易穿越空防线,实施对雷达的攻击。目前,反辐射无人机已成为防空武器的重要作战目标,对反辐射无人机进行探测显得越发重要。

利用被动声探测系统来探测反辐射无人机是一种新的方法。被动声探测技术作为一种无源被动探测技术,它可以不受干扰地接收并识别飞机发动机、直升机旋翼以及和大气摩擦所产生的特征声信号,实施预警。

(四)靶场声学定位系统

最新的靶场声学评定系统以美国三叉戟公司的战术声学实时定位和训练系统(Tactictal Acoustic Realtime Geolocation and Training,TARGT)为代表,该系统已成功应用于海上靶场测试,为海上炮弹落点定位提供了廉价可行的方案。系统由分布式水下传声器阵列和船载指挥控制站组成,能够对单个及多个海上落点实时定位,二维定位精度达±1 m。

三叉戟公司通过对 TARGT 系统改进推出了适用于陆地靶场的炸点声定位系统。该系统主要由四部分构成:传声器阵列、气象探测系统、指挥和控制站(Control Command Station,CCS)以及远程控制系统(Remote Control Command Station,RCCS)。TRACS 使用差分 GPS 技术实现各个基阵的精确定位和授时,系统各部分通过 900 MHz 的无线射频进行通信,实时将各部分状态信息、位置信息以及声信号数据上传给指挥和控制站进行综合分析。该系统能够对单个或多个同时发生的地面或空中近地爆炸事件进行定位,三维坐标下其定位精度达到±1 m。

除此之外,声学定位技术还可以在水下炸点定位系统、潜航器的定位巡航系统等中应用。

二、声学定位系统关键技术

目前,关于声学定位技术的方法主要包括基于子空间的定位技术、基于最大输出功率的可控波束形成技术和基于声达时间差的定位技术等。

(一)基于子空间的定位技术

基于子空间的定位技术通过求解接收装置信号间的相关矩阵来定出方向角,计算声源位置。该方法适宜于窄带信号,但不适宜对人声等宽带信号进行处理,并且计算复杂度大。

(二)基于最大输出功率的可控波束形成技术

基于最大输出功率的可控波束形成技术是最早被应用的一种定位技术,也是实现阵列信号处理的一种重要方式,在雷达、声呐以及移动通信的信号处理方面有着较为广泛的应用。此种方法对接收到的语音信号进行滤波、加权求和,然后直接控制接收装置指向使波束有最大输出功率的方向。

使用波束形成技术的信号处理过程:将天线或者声传感器排成阵列,采集空域中的目标信号,对目标信号进行处理,经过加权求和等方式,输出一个波束。完成波束形成的处理器称为波束形成器。采用搜索的方法寻找声源可能的方位,使波束指向该方位。传统的波束形成方法有最小方差无失真响应波束形成法(Minimum Variance Distortionless response,

MVDR)、线性约束最小方差波束形成法（Linearly Contrained Minimum Variance，LCMV)、最小均方误差波束形成法（Minimum Mean Square Error，MMSE)以及广义旁瓣相消法（Generalized Sidelobe Canceller，GSC)。这些方法都各有特点。LCMV、MVDR、GSC算法在保持期望信号增益不变的情况下，使阵列的输出功率最小，可以抑制干扰和噪声，但是需要已知期望信号的波束方向。MMSE算法通过使阵列输出与参考信号之差的均方值最小化，达到波束形成的目的，但需要已知参考信号。

该方法可以实现多个声源的定位，但是需要提供声源和背景噪声先验知识，并且对初始值非常敏感。此方法效率较低并且计算量大，而且由于在实际声源位置信息未知的情况下难以获得该先验知识，所以在声源定位中不常采用这种方法。

(三)基于声达时间差的定位技术

基于声达时间差的定位技术通过声音到达不同接收装置的时延求得声音到达不同接收装置的距离差，然后利用几何配置关系确定声源位置。

时延估计是基于声达时间差定位方法的第一步。所谓时延，是指传声器阵列中由于不同传声器与声源的距离不同，导致每个传感器所接收到的信号之间造成的时间差。目前已有多种方法进行时延估计，如广义互相关函数法、最小均方自适应滤波法、基于子空间的方法、基于基音周期的方法等。这些方法大致可分成三类：一种基于互相关函数；一种基于语音特性；一种基于通道函数。其中，广义互相关法由于其容易实现、计算量低的特点在实际定位系统中得到广泛的应用。声源定位原理图如图3-3所示。

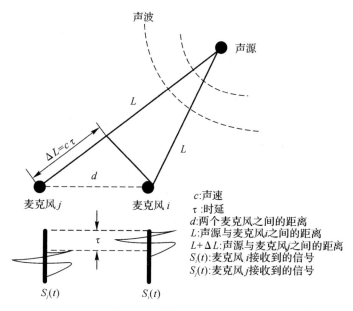

图3-3 声源定位原理图

基于声达时间差定位方法的第二步是结合时延及接收装置的几何关系确定声源的位置。理论上通过对三个接收装置组成的阵列接收的声音信号进行处理，即可根据目标与接收装置之间的几何关系解算目标声源的位置。

基于时延估计的定位方法是一种间接定位法,在一定的噪声和反射下具有较高的定位精度,容易实现并且计算量相对较小,故目前实际应用中常采用这种方法进行声学定位。

三、声学定位系统的主要类型

声学定位系统是目前水下导航和定位的主要手段,根据声学定位系统定位基线的长度可以分为以下四种:长基线定位系统(Long Baseline,LBL)、短基线定位系统(Short Baseline,SBL)、超短基线定位系统(Ultra Short Baseline,USBL)和组合系统。由于长基线和超短基线定位系统是目前应用最广的两种水声定位导航工作方式,所以只对这两种类型进行介绍。

(一)长基线定位系统

LBL 的基线长度一般在百米到千米级别,其需要布设三个以上的基元于海底,并组成一定的几何构型从而成为海底定位声基阵,定位目标载体则通常位于庞大的基阵内,通过获取目标载体与各阵元间的斜距来解算得到目标的坐标位置信息。LBL 主要由导航控制单元、海底基阵(信标)、问答传感器和应答器等组成,并与高精度差分系统、综合导航系统和水下机器人等进行配合工作。其中:导航控制单元用于传输控制信号并实时对接收到的信息进行处理;海底基阵需预先布置在海底,是坐标推算的基点;问答传感器发送控制单元的命令并接收信息的反馈;应答器对问答传感器发送的命令作出响应。

LBL 需要在海底布设 3 个以上的基点,以一定的几何图形组成海底定位基阵,通过基阵校准来确定基阵的几何形状及海底基阵各个基点的绝对坐标,被测目标一般位于基阵之内,然后通过测量目标物和基点之间的相对位置,进而来确定目标物的位置。

LBL 对目标物定位的方式有两种,既可以在水下目标上安装问答传感器,也可以在水下目标上安装应答器,它们都可以与海底基阵之间进行测距,完成定位功能。

LBL 的测量精度主要由测距误差和位置误差引起。对于测距误差:一是由系统测时误差引起,属于硬件系统误差,无法消除,此外就是多路径效应对时间的影响;二是声速引起的误差,因其受海水的盐度、温度和密度的影响,不同时刻这些参数都是不同的,因此要提高精度就要定期使用声速剖面仪测量声速。对于位置误差,实践表明,其相对定位精度可以控制在 5 cm 以内,即间距误差在 10 cm 以内,较传统的法兰测量仪测量间距误差 20 cm 有较大改善。

LBL 因其基线较长,能够在较大的范围和较深的海水中得到较高的导航定位精度,定位精度较高。但是在深水使用时,位置数据更新率较低,仅达到分钟量级。其次,布放、校准以及回收需要较长时间,且作业过程较为复杂。

(二)超短基线定位系统

USBL 的基线长度一般为分米级,其小于等于半波长,其一般部署基阵于母船船底,通过测量目标到各阵元的相位差来确定目标的空间坐标信息。USBL 主要由声头和水下应答器两部分组成。若要推算运动目标的绝对位置还需已知水听器基阵的位置、姿态以及船舶方向,这些信息可以由 GPS、运动传感器(Motion Reference Unit,MRU)和电罗经提供。

声头由水听器基阵和收发换能器组成,由于水听器基阵的尺寸非常小,只有几厘米至几十厘米,所以声头可以安装在船体水面以下任何位置,方便灵活。在硬件结构上,声头部分主要由收发模块、控制模块、计算模块和显示模块组成。

USBL 是利用海底应答器接收到自主式水下潜器(Autonomous Underwater Vehicle, AUV)的声头中换能器声学信号后发出应答信号,水听器基阵可以接收到应答器的应答信号,通过对水听器接收到的信号进行相应的处理,可以求出海底应答器相对于水听器基阵的相对位置。若想要知道应答器的绝对位置,则还需知道水听器基阵的绝对位置,当时的姿态以及船舶方向,通常 AUV 带有 GPS、电罗经以及惯性传感器(Inertial Measurement Unit, IMU),这些可以提供所需的信息。AUV 中的声头包括水听器和换能器两部分,换能器负责发出声学信号,水听器负责接收应答器反馈的声学信号,除使用传统的水听器和应答器这种方式获得斜距外,还可以通过电缆获取往返时间,求得斜距。

USBL 所采用的技术为相控测量技术,即通过测时得到目标距,通过相位测量测得目标的水平及垂直角度,进而确定目标的相对位置。由于 USBL 的基线非常短,定位精度与目标距离有关,能提供的定位精度随斜距的增加而降低,所以通常适用于近程定位。采用常规模拟声学技术的系统测距精度通常为 20~30 cm,只有 Sonardyne 公司的宽带数字声学技术可达到 2~3 cm,定位精度通常为(0.2%~0.5%)×斜距(必须经过高精度姿态改正和声速改正)。

超短基线定位系统体积尺寸最小,便携度最高,基阵布放、回收极为方便,且测距精度高,但其安装精度要求最高,系统整体校准工作量极大,且定位精度非常依赖于深度传感器、姿态传感器等外围设备,研发成本较高。

思 考 题

1. 声纹识别的特点是什么?
2. 简述基于声达时间差的声音定位方法的几个步骤。
3. 枪炮噪声的声源定位方法有哪些?
4. 声纹识别容易受到哪些因素的影响?
5. 基于声阵列原理的狙击手定位系统的使用局限性是什么?
6. 无人机实施声探测的技术难点是什么?应如何解决?
7. 声纹识别的关键技术中,特征提取、模式识别的发展概况如何?
8. 水下声学定位的方法用于陆面有什么难点?
9. 声学定位方法探测无人机的局限性是什么?抗风噪技术发展现状如何?

下篇:光学及其军事应用

第四章 光学基础知识

现代光学技术在军事领域具有很高的应用价值,随着科技发展日新月异,军用光学技术广泛涉及可见光成像技术、微光夜视技术、红外技术、激光技术、光电对抗技术、光电综合应用技术、视觉与信息提取技术等诸多方面。因此,光学基础知识是在研究具体应用之前必须学习的基本理论内容。

第一节 几何光学的基本定律

几何光学是从几个由实验得来的基本原理出发,来研究光的传播问题的学科。它利用光线的概念、折射、反射定律来描述光在各种媒质中传播的途径,它得出的结果通常是波动光学在某些条件下的近似或极限。

一、基本概念

(一)光波

光是一种电磁波,其在空间的传播和在界面的行为遵从电磁波的一般规律。就其本质而言,光是一种电磁波,只是光波的波长比普通无线电波的波长要短。光波波长范围大致为 10 nm~1 mm,其中,波长在 380~760 nm 之间的电磁波能被人眼所感知,称为可见光。

不同波长的可见光会引起人眼不同的颜色感知。具有单一波长的光称为单色光,而由不同单色光混合而成的光称为复色光。单色光是一种理想光源,现实中并不存在。激光是一种单色性很好的光源,可以近似看作单色光。太阳光是由无限多种单色光组成的。在可见光范围内,太阳光可分解为红、橙、黄、绿、青、蓝、紫七种颜色的光。

(二)光源

通常,能够辐射光能量的物体称为发光体或光源。发光体可看作是由许多发光点或点光源组成的,每个发光点向四周辐射光能量,如太阳、日光灯、白炽灯、钠灯、激光器等。

(三)光线

为讨论问题方便,在几何光学中,通常将发光点发出的光抽象为许许多多携带能量并具有方向的几何线,即光线。光线的方向代表光的传播方向。

(四)波面

当发光点发出的光波向四周传播时,某一时刻振动状态相同的点所构成的等相位面称为波阵面,简称"波面",光的传播即为光波波阵面的传播。在各向同性介质中,波面上某点的法线即代表了该点处光的传播方向,即光是沿着波面法线方向传播的。因此,波面法线即为光线,与波面对应的所有光线的集合称为光束。通常,波面可分为平面波、球面波和任意曲面波。与平面波对应的光线束相互平行,称为平行光束,如图4-1(a)所示。与球面波对应的光线束相交于球面波的球心,称为同心光束。同心光束可分为发散光束和会聚光束,如图4-1(b)(c)所示。同心光束或平行光束经过实际光学系统后,由于像差的作用,将不再是同心光束或平行光束,对应的光波则为非球面光波。图4-1(d)所示为非球面光波和对应的像散光束。

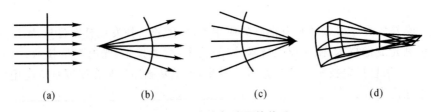

图4-1 光束与波面的关系
(a)平行光束;(b)发散同心光束;(c)会聚同心光束;(d)像散光束

二、几何光学的基本定律

几何光学把研究光经过介质的传播问题的方法归结为如下四个基本定律,它们是研究光的传播现象、规律以及物体经过光学系统的成像特性的基础。

(一)光的直线传播定律

几何光学认为,在各向同性的均匀介质中,光是沿着直线方向传播的,这就是光的直线传播定律。影子的形成、日蚀和月蚀等现象都能很好地证明这一定律。"小孔成像"就是运用这一定律的很好例子,许多精密测量,如精密天文测量、大地测量、光学测量及相应的光学仪器都是以这一定律为基础的。

但这一定律是有局限性的。当光经过尺寸与波长接近或更小的小孔或狭缝时,将发生"衍射"现象,光将不再沿直线方向传播。光在非均匀介质中传播时,光线传播的路径为曲线,也不再是直线。

(二)光的独立传播定律

不同光源发出的光在空间某点相遇时,彼此互不影响,各光束独立传播,这就是光的独立传播定律。在各光束的同一交会点上,光的强度是各光束强度的简单叠加,离开交会点后,各光束仍按原来的方向传播。

光的独立传播定律没有考虑光的波动性质。当两束光由光源上同一点发出、经过不同途径传播后在空间某点交会时,交会点处光的强度将不再是二束光强度的简单叠加,而是根据两束光所走路程的不同,有可能加强,也有可能减弱,这就是光的"干涉"现象。

(三)光的折射定律与反射定律

光的直线传播定律与光的独立传播定律概括的是光在同一均匀介质中的传播规律,而光的折射定律与反射定律则是研究光传播到两种均匀介质分界面上时的现象与规律。

当一束光投射到两种均匀介质的光滑分界表面上时,一部分光从光滑分界表面"反射"回到原介质中,这种现象称为光的反射,反射回原介质的光称为反射光,另一部分光将"透过"光滑表面,进入第二种介质,这种现象称为光的折射,透过光滑表面进入第二种介质的光称为折射光。与反射光和折射光相对应,原来投射到光滑表面发生折射和反射前的光称为入射光。

如图4-2所示,入射光线 AO 入射到两种介质的分界面 PQ 上,在 O 点发生折射和反射。其中,反射光线为 OB,折射光线为 C,NN 为界面上入射点 O 的法线。入射光线、折射光线和反射光线与法线的夹角 I、I'、I'' 分别称为入射角、折射角和反射角,它们均以锐角度量,由光线转向法线,顺时针方向形成的角度为正,逆时针方向形成的角度为负。

反射定律归结如下:①反射光线位于由入射光线和法线所决定的平面内;②反射光线和入射光线位于法线的两侧,且反射角与入射角绝对值相等,符号相反。

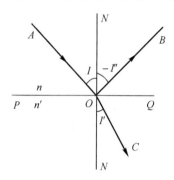

图4-2 光的反射与折射

折射定律归结如下:①折射光线位于由入射光线和法线所确定的平面内;②折射角的正弦与入射角的正弦之比与入射角大小无关,仅由两种介质的性质决定。对一定波长的光线而言,在一定温度和压力下,该比值为一常数,等于入射光所在介质的折射率 n 与折射光所在介质的折射率 n' 之比,即

$$\frac{\sin I'}{\sin I} = \frac{n}{n'} \tag{4-1}$$

折射率是表征透明介质光学性质的重要参数。我们知道,各种波长的光在真空中的传播速度均为 c,而在不同介质中的传播速度 v 各不相同,且都比在真空中的传播速度小。介质的折射率就是用来描述介质中的光速相对于真空中的光速减慢程度的物理量,即

$$n = \frac{c}{v} \tag{4-2}$$

这就是折射率的定义。因为真空中的折射率为1,所以把介质相对于真空的折射率称为绝对折射率。在标准条件(大气压强 $p=101\ 275\ \text{Pa}=760\ \text{mmHg}$,温度 $T=293\ \text{K}=20\ ℃$)下,空气的折射率 $n=1.000\ 273$,与真空的折射率非常接近。因此,为方便起见,常把介质相对于空气的相对折射率作为该介质的绝对折射率,简称"折射率"。

在式(4-1)中,若令 $n'=-n$,则有 $I'=-I$,即折射定律转化为反射定律。这一结论有

很重要的意义。后面将看到,许多由折射定律得出的结论,只要令 $n'=-n$,就可以得出相应反射定律的结论。

(四)光路的可逆性定律

在图 4-2 中,由折射定律可知,若光线在折射率为 n 的介质中沿 CO 方向入射,则折射光线必定沿着 OA 方向出射。同样,由反射定律可知,若光线在折射率为 n 的介质中沿 BO 方向入射,则反射光线也一定沿 OA 方向出射。由此可见,光线的传播是可逆的。这就是光路的可逆性定律。

三、费马原理

费马原理用"光程"的概念对光的传播规律作了更简明的概括。

所谓光程,是指光在介质中传播的几何路程 l 与所在介质的折射率 n 的乘积 s,即 $s=nl$,因为 $l=vt$,所以有

$$s=ct \tag{4-3}$$

由此可见,光在某种介质中的光程等于同一时间内光在真空所走过的几何路程。

费马原理指出,光从一点传播到另一点,期间无论经过多少次折射和反射,其光程为极值。因此,费马原理也叫光程极端定律。

我们知道,光在均匀介质中沿直线传播,而在非均匀介质中,由于折射率是空间坐标的函数 $n=n(x,y,z)$,所以光线不再沿直线传播,而是一空间曲线。光程表示为

$$s=\int_A^B n\,dl \tag{4-4}$$

根据费马原理求极值,对上式求微分,即

$$\delta_s=\delta\int_A^B n\,dl=0 \tag{4-5}$$

这就是费马原理的数学表示。

费马原理是描述光线传播的基本规律,无论是光的直线传播定律,还是光的反射定律与折射定律,均可以由费马原理直接导出。比如,对于均匀介质,由两点间的直线距离为最短这一公理,即可以证明光的直线传播定律。至于光的反射定律和折射定律的导出,留待读者在习题中证明。

四、马吕斯定律

在各向同性的均匀介质中,光线为光波的法线,光束对应着波面的法线束。马吕斯定律描述了光经过任意多次折射、反射后,光束与波面、光线与光程之间的关系。

马吕斯定律指出,当光线束在各向同性的均匀介质中传播时,始终保持着与波面的正交性,并且入射波面与出射波面对应点之间的光程均为定值。这种正交性表明,垂直于波面的光线束经过任意多次折、反射后,无论折、反射面形如何,出射光束仍垂直于出射波面。

折射与反射定律、费马原理和马吕斯定律三者中的任意一个,均可以视为几何光学的基本定律,而把另外两个作为其基本定律的推论。

第二节　成像的基本概念与完善成像条件

一、光学系统与成像概念

光学系统的主要作用之一是对物体成像。一个被照明的物体(或自发光物体)总可以看成是由无数多个发光点或物点组成的,每个物点发出一个球面波,与之对应的是一束以物点为中心的同心光束。如果该球面波经过光学系统后仍为一球面波,那么对应的光束仍为同心光束,该同心光束的中心称为物点经过光学系统所成的完善像点。物体上每个点经过光学系统后所成完善像点的集合就是该物体经过光学系统后的完善像。通常,把物体所在的空间称为物空间,把像所在的空间称为像空间。物像空间的范围均为$(-\infty,+\infty)$。

光学系统通常由若干个光学元件(如透镜、棱镜、反射镜和分划板等)组成,而每个光学元件都是由表面为球面、平面或非球面和具有一定折射率的介质构成的。当组成光线束在各向同性的均匀介质中传播时,始终保持着与波面的正交性,并且入射波面与出射波面对应点之间的光程均为定值。

若光学系统的各个光学元件的表面曲率中心都在同一直线上,则称该光学系统为共轴光学系统,该直线称为光轴。光学系统中大部分为共轴光学系统,非共轴光学系统较少使用。

图4-3所示为一共轴光学系统及其完善成像,由O_1、O_2、$\cdots$、O_k等k个光学面组成。轴上物点A_1发出一球面波W(与之对应的是以A_1为中心的同心光束),经过光学系统后仍为一球面波W',对应的是以球心A_k'为中心的同心光束,A_k'即为物点A_1的完善像点。

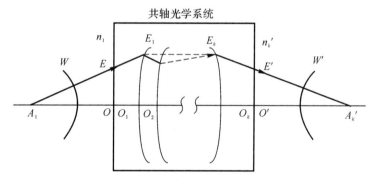

图4-3　共轴光学系统及其完善成像

光学系统成完善像应满足的条件:入射波面为球面波时,出射波面也为球面波。由于球面波对应同心光束,所以完善成像条件也可以表述如下:入射光为同心光束时,出射光亦为同心光束。根据马吕斯定律,若入射波面与出射波面对应点间的光程相等,则完善成像条件用光程的概念可以表述如下:物点A_1及其像点A_k'之间任意两条光路的光程相等,即

$$n_1A_1E_1+n_1EE_1+n_2E_1E_2+\cdots+n_k'E_kE_k'+n_k'E'A_k'=$$
$$n_1A_1O+n_1OO_1+n_2O_1O_2+\cdots+n_k'O_kOE_k+n_k'O'A_k'=C \quad (4-6)$$

二、物、像的虚实

根据物、像方同心光束的会聚与发散情况,物、像有虚实之分。由实际光线相交所形成的点为实物点或实像点,而由光线的延长线相交所形成的点为虚物点或虚像点,如图 4-4 所示。图 4-4(a)为实物成实像,图 4-4(b)为实物成虚像,图 4-4(c)为虚物成实像,图 4-4(d)为虚物成虚像的情况。需要说明的是,虚物不能人为设定,它由前一光学系统所成的实像被当前系统所截而得。实像不仅能为人眼所观察,而且能用屏幕、胶片或光电成像器件〔如电荷耦合器件(Charge-Coupled Device,CCD)、互补金属氧化物半导体(Complementary Metal Oxide Semiconductor,CMOS)等〕记录,而虚像只能为人眼所观察,不能被记录。由图 4-4 可以看出,实物、虚像对应发散同心光束,虚物、实像对应会聚同心光束。因此,当几个光学系统组合在一起时,前一系统形成的虚像应看成是当前系统的实物。

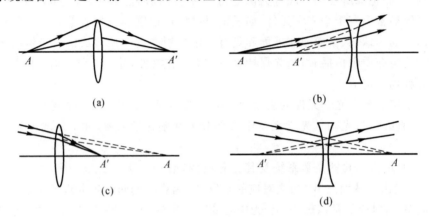

图 4-4　物、像的虚实
(a)实物成实像;(b)实物成虚像;(c)虚物成实像;(d)虚物成虚像

第三节　理想光学系统

对光学系统成像的最基本要求就是成像应该清晰。为了保证成像的绝对清晰,就必须使由同一物点发出的全部光线,经过光学系统后仍然相交于一点,也就是每一物点均对应唯一的一个像点。如果光学系统所在的物空间和像空间都是均匀透明的介质,根据光线传播的基本定律,显然在像点和物点相对应的同时,还应具有下列性质:直线成像为直线;平面成像为平面。把物空间和像空间符合"点对应点,直线对应直线,平面对应平面"关系的像称为理想像,而把能将物空间内任意一点发出的进入光学系统的所有光线都会聚到像空间内的对应点上的光学系统,称为理想光学系统。

一、共轴理想光学系统的特性

目前使用的光学仪器大多数是共轴系统。由于共轴系统的对称性,共轴理想光学系统所成的像,还具有以下性质。

性质 1:位于光轴上的物点对应的共轭像点也必然位于光轴上;位于过光轴的某一个截面内的物点对应的共轭像点必位于该平面的共轭像面内;同时,过光轴的任意截面成像性质都相同。

因此，可以用一个过光轴的截面代表一个共轴系统，如图 4-5 所示。另外，垂直于光轴的物平面，它的共轭像平面也必然垂直于光轴。

性质 2：垂直于光轴的平面物与其共轭平面像的几何形状完全相似，也就是在整个物平面上无论哪一部分，物和像的大小比例等于常数。

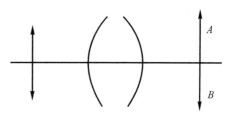

图 4-5　过光轴的截面

现在利用性质 1 证明这个性质。作出三对共轭且过光轴的截面（过光轴的截面一般称为子午面）；物空间的 PA、PB 和 PC，像空间的 $P'A'$、$P'B'$ 和 $P'C'$。图 4-6 所示为这些子午面被垂直于光轴的平面 P 和 P' 所截的截面。

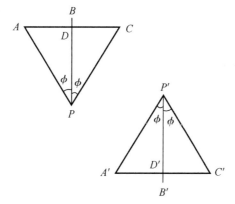

图 4-6　垂直于光轴的截面

性质 3：位于过光轴某一截面内的物点，其像点也必然位于这一截面内；且过光轴的任意截面的成像性质相同。有了这一特性，在后面研究透镜的成像问题时，就可以只画一个过光轴的截面来代表透镜。

性质 4：位于垂直于光轴的一对共轭面内的物体所成像的几何形状与物体完全相似。换句话说，如图 4-7 所示，如果定义像高 y' 与物高 y 的比值 β 为垂轴放大率（又称横向放大率）的话，那么 β 为一常数，即

$$\beta = \frac{y'}{y} \tag{4-7}$$

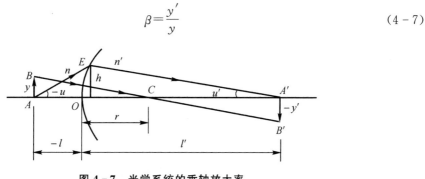

图 4-7　光学系统的垂轴放大率

n—物方空间折射率；n'—像方空间折射率；h—光线与球面交点到光轴的距离；
u—物方孔径角；u'—像方孔径角；r—球面半径；l—物距；l'—像距

在共轴理想光学系统中,只有垂直于光轴的平面,才具有物与像相似的性质。而绝大多数光学仪器都要求像和物在几何形状上相似,以保证我们能观察到实际物体的真实情况。因此,总是使物平面垂直于共轴系统的光轴,在讨论共轴系统的成像性质时,也总是取垂直于光轴的共轭面(在理想光学系统的物、像空间中互成物像关系的一对对应平面称为共轭面)。

二、理想光学系统的放大率

理想光学系统的放大率有三种:垂轴放大率、轴向放大率和角放大率。垂轴放大率在式(4-7)中已经介绍过。

(一)轴向放大率

根据前面的讨论可知,对于确定的理想光学系统,像平面的位置是物平面位置的函数,具体的函数关系就是高斯公式和牛顿公式。如图4-8所示,当物平面沿光轴作一微量的移动$\mathrm{d}l$时,其像平面就移动一相应的距离$\mathrm{d}l'$。通常定义二者之比为轴向放大率,用α表示,即

$$\alpha = \frac{\mathrm{d}l'}{\mathrm{d}l} \tag{4-8}$$

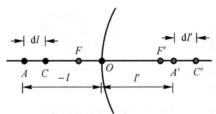

图4-8 光学系统的轴向放大率

(二)角放大率

过光轴上一对共轭点,任取一对共轭光线AM和$A'M'$,如图4-9所示,它们与光轴的夹角分别为U和U',这两个角度的正切之比定义为这一对共轭点的角放大率,以γ表示,即

$$\gamma = \frac{\tan U'}{\tan U} \tag{4-9}$$

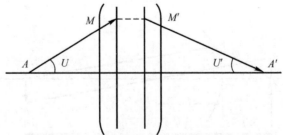

图4-9 光学系统的角放大率

由理想光学系统的拉赫公式可得到

$$\gamma = \frac{n}{n'} \cdot \frac{1}{\beta} \tag{4-10}$$

关于角放大率的几点说明：①角放大率仅随物像位置而异；②在同一对共轭点上，任一对共轭光线与光轴夹角 U' 和 U 的正切之比恒为常数；③三种放大率之间的关系式满足 $\alpha\gamma=\beta$。

(三)光学系统的节点

1. 定义

光学系统中，角放大率等于+1的一对共轭点称为节点。如图4-10所示，J 和 J' 即是光学系统的节点。

2. 说明

(1)若光学系统位于空气中，则式(4-10)可简化为 $\gamma=1/\beta$，在这种情况下，当 $\beta=1$ 时，$\gamma=1$，即主点为节点。其物理意义：过主点的入射光线经过系统后出射方向不变，如图4-10所示。在一般的作图法求像中，光学系统的物像空间的折射率是相等的，如此，可利用过主点的共轭光线方向不变这一性质。

(2)若光学系统物方空间折射率与像方空间折射率不相同，则角放大率 $\gamma=1$ 的物像共轭点(即节点)不再与主点重合。可求得这对共轭点的位置：$x_J=f'$，$x_J'=f$。

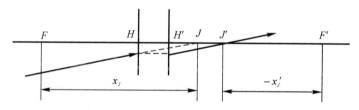

图4-10 过节点的光线

对于焦距为正的光学系统，即 $f'>0$ 的系统：因为 $x_J=f'>0$，所以物方节点位于物方焦点之右相距 f' 处；又因为 $x_J'=f<0$，所以像方节点位于像方焦距的左侧相距 $|f|$ 处。过节点的共轭光线彼此平行。

(3)光学系统的基点：一对节点、一对主点和一对焦点统称为光学系统的基点。知道了它们的位置以后，就能充分了解理想光学系统的成像性质。

(四)用平行光管测定焦距的依据

如图4-11所示，一束与光轴成 ω 角入射的平行光束经系统以后，会聚于焦平面上的 B' 点，这就是无限远轴外物点 B 的像。B' 点的高度，即像高 y' 是由这束平行光束中过节点的光线决定的。

若被测系统放在空气中，则主点与节点重合，由图4-11可得

$$y' = -f'\tan\omega \tag{4-11}$$

只要给被测系统提供一与光轴倾斜成定角 ω 的平行光束，测出在焦平面上的像高，就可算出焦距。平行光束可由平行光管提供，整个装置如图4-12所示，在平行光管物镜的焦平面上设置一刻有几对已知间隔线条的分划板，用以产生平行光束。因为平行光管物镜的

焦距 f_1 已知，所以角 ω 满足 $\tan\omega = -y/f_1$ 是已知的。据此，被测物镜的焦距 f_2' 为

$$f_2' = f_1 \frac{y'}{y} \tag{4-12}$$

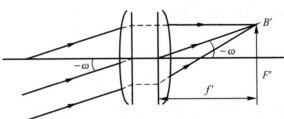

图 4-11 无限远物体的理想像高

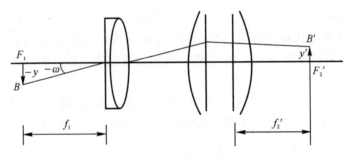

图 4-12 焦距测量原理图

第四节 平面与平面系统

光学系统除球面光学元件外，常常用到各种平面光学，如平面反射镜、平行平板、反射棱镜和折射棱镜等。

共轴球面系统由于存在一条对称轴线，所以具有不少优点，但它也有缺点。由于所有的光学零件都是排列在同一条直线上的，所以系统不能拐弯，因而造成仪器的体积和质量比较大。为了克服共轴球面系统的这个缺点，同时又保持它的优点，可以附加一个平面镜棱镜系统。

一、平面镜成像

平面光学元件主要用于改变光路方向、使倒像转换为正像或产生色散用于光谱分析等，是光学系统的重要组成部分。

(一) 单平面镜成像

平面反射镜简称"平面镜"，它是唯一能成完善像的最简单的光学元件，即物体上任意一点发出的同心光束经过平面镜后仍为同心光束。如图 4-13 所示，物体上任一点发出的同心光束被平面镜反射，光线 AP 沿 PA 方向原光路返回，光线 AQ 以入射角 I 入射，经反射后沿 QR 方向出射，延长 AP 和 RQ 交于 A' 点。由反射定律和图中几何关系容易证明

$\triangle PAQ \cong \triangle PA'Q$,从而可得 $AP=A'P, AQ=A'Q$。同样可以证明,由 A 点发出的另一条光线 AO 经反射后,其反射光线的延长线必定交于 A' 点。这表明,由 A 点发出的同心光束经平面镜反射后,变换为以 A' 为中心的同心光束,因此整个物体也成完善像。显然,对平面镜而言,实物成虚像,虚物成实像。

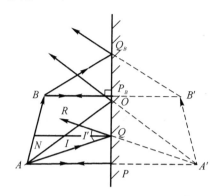

图 4-13 平面镜成像

令 $r=\infty$,由球面镜的物像位置公式和放大率公式可得 $l'=l, \beta=1$。

由于这种对称性,使一个右手坐标系的物体,变换成左手坐标系的像。就像照镜子时,你的右手只能和镜中的"你"的左手重合一样,这种像称为镜像,如图 4-14 所示。

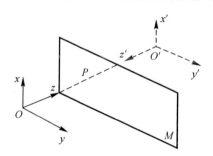

图 4-14 平面镜的镜像

1. 平面镜成像原理

一个右手坐标系 $O\text{-}xyz$,经过平面镜 M 后,其像为一个左手坐标系 $O'\text{-}x'y'z'$。当正对着物体即沿 zO 方向观察物体时,y 轴在左边;而当正对着像即沿 $z'O'$ 方向观察像时,y' 轴在右边。显然,一次反射像若再经过一次反射成像,则将恢复与物相同的右手坐标系。推而广之,奇数次反射成镜像,偶数次反射成与物一致的像。

2. 平面镜成像性质

平面镜成像原理说明,正立的像与物等距离地分布在镜面的两边,大小相等,虚实相反。因此,像与物完全对称于平面镜。

(1)奇数次反射成镜像,偶数次反射成与物一致的像。

(2)当物体旋转时,其像反方向旋转相同的度数。

(二)平面镜旋转

平面镜转动时具有重要的特性。当入射光线方向不变而使平面镜转动 α 时,反射光线的方向改变了 2α。如图 4-15 所示,根据反射定律,则有

$$\theta = -I''_1 + \alpha - (-I'') = I_1 + \alpha - I = (I+\alpha) + \alpha - I = 2\alpha \tag{4-13}$$

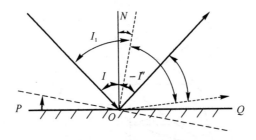

图 4-15 平面镜的旋转

平面镜旋转的应用:可以测量微小角度或位移。如图 4-16 所示,刻有标尺的分划板位于准直物镜 L 的物方焦平面上,零点与焦点 F 重合,其发出的光线经过物镜平行于光轴,若物镜与光轴垂直,则光线原路返回,重新聚焦于 F 点。若平面镜 M 转动 θ 角,则成像于 B 点。

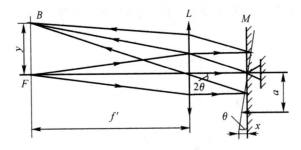

图 4-16 平面镜旋转的应用

$$\tan\theta \approx \theta = \frac{x}{a} \tag{4-14}$$

$$y = f'\tan 2\theta \approx 2f'\theta \tag{4-15}$$

$$y = (2f'/a)x = Kx \tag{4-16}$$

式中:K 为光学光杆的放大倍数。

(三)双平面镜成像

双平面镜的夹角为 α,入射光线 AO_1 经两个平面镜 PQ 和 PR 依次反射,沿 O_2M 出射,出射与入射光线延长线相交于 M 点,夹角为 β,如图 4-17 所示。在 $\triangle O_1O_2M$ 中有

$$(-I_1 + I''_1) = (I_2 - I''_2) + \beta \tag{4-17}$$

根据反射定律:

$$\beta = 2(I''_1 - I_2) \tag{4-18}$$

在 $\triangle O_1O_2N$ 中,因为 $I''_1 = \alpha + I_2$,所以 $\beta = 2\alpha$。

第四章 光学基础知识

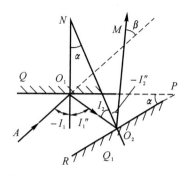

图 4-17 双平面镜对光线的变换

由此可见,出射光线与入射光线的夹角和入射角无关,只取决于双面镜的夹角 α。如果双面镜的夹角不变,当入射光线方向一定,双面镜绕其棱边旋转时,出射光线方向始终不变。根据这一性质,用双面镜折转光路非常有利,其优点在于,只需加工并调整好双面镜的夹角(如两个反射面做在玻璃上形成棱镜,见本章第三节),而对双面镜的安置精度要求不高,不像单个反射镜折转光路时那样调整困难。

如图 4-18 所示,一右手坐标系的物 xyz,经双面镜 QPR 的两个反射镜 PQ、PR 依次成像为 $x'y'z'$ 和 $x''y''z''$。经 PQ 第一次反射的像 $x'y'z'$ 为左手坐标系,经 PR 第二次反射所成像(称为连续一次像),$x''y''z''$ 还原为右手坐标系。图中用圆圈中加点表示垂直纸面向外的坐标,用圆圈中加叉表示垂直纸面向里的坐标。

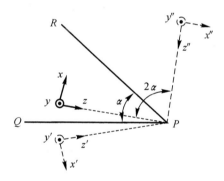

图 4-18 双平面镜的连续一次成像

由于
$$\angle yPy'' = \angle y''Py' - \angle yPy' = 2\angle RPy' - 2\angle QPy' = 2\alpha \quad (4-19)$$

因此,连续一次像可认为是由物体绕棱边旋转 2α 角而形成的,旋转方向由第一反射镜转向第二反射镜。同样,先经 PR 反射、再经 PQ 反射的连续一次像是由物逆时针方向旋转 2α 而成的。当 $\alpha=90°$ 时,这两个连续一次像重合,并与物相对于棱对称。显然,只要双面镜夹角 α 不变,双面镜转动时,连续一次像不动。

二、平行平板

平行平板是由两个相互平行的折射平面构成的光学元件,如分划板、微调平板等。其实,反射棱镜展开后,其在光路中的作用等效于一个平行玻璃平板。

1. 平行平板的成像特性

(1)光线经平行平板后方向不变。如图 4-19 所示,轴上点 A_1 发出一孔径角为 U_1 的光线 A_1D,经过平行平板两表面折射后,其出射光线的延长线与光轴交于 A_2',出射光线的孔径角为 U_2'。设平行平板位于空气中,平板玻璃的折射率为 n,光线在两折射面上的入射角和折射角分别为 I_1、I_1' 和 I_2、I_2'。因为两折射平面平行,所以有 $I_2=I_1'$,由折射定律得

$$\sin I_1 = n\sin I_1' = n\sin I_2 = \sin I_2' \tag{4-20}$$

因此,$I_2'=I_1$,$U_2'=U_1$,这说明出射光线平行于入射光线,即光线经过平行平板后方向不变。此时

$$\gamma = \frac{\tan U_2'}{\tan U_1} = 1 \tag{4-21}$$

$$\beta = \frac{1}{\gamma} = 1 \tag{4-22}$$

$$\alpha = \beta^2 = 1 \tag{4-23}$$

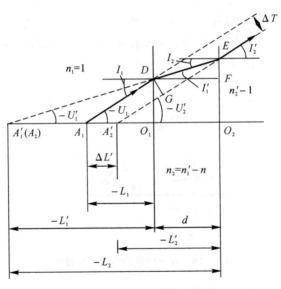

图 4-19 平行平板的成像特性

(2)平板是个无光焦度元件,不会使物体放大或缩小,在系统中对光焦度无贡献。

(3)光线经平行平板后,产生侧向位移 ΔT 和轴向位移 $\Delta L'$。

由图 4-19 可知,出射光线和入射光线产生侧向位移 $\Delta T = DG$ 和轴向位移 $\Delta L' = A_1A_2'$。在 △DEG 和 △DEF 中,DE 为共用边,则有

$$\Delta T = DG = DE\sin(I_1-I_1') = \frac{d}{\cos I_1'}\sin(I_1-I_1') \tag{4-24}$$

将 $\sin(I_1-I_1')$ 利用三角公式展开,并且有 $\sin I_1 = n\sin I_1'$,得到侧向位移为

$$\Delta T = d\sin I_1 \left(1 - \frac{\cos I_1}{n\cos I_1'}\right) \tag{4-25}$$

轴向位移由图 4-19 中的关系得到

$$\Delta L' = \frac{DG}{\sin I_1} = d\left(1 - \frac{\cos I_1}{n\cos I_1'}\right) \tag{4-26}$$

应用折射定律 $\sin I_1 = n\sin I_1'$ 得到

$$\Delta L' = d\left(1 - \frac{\tan I_1'}{\tan I_1}\right) \tag{4-27}$$

轴向位移 $\Delta L'$ 随入射角 I_1(即孔径角 U_1)的不同而不同，即轴上点发出不同孔径的光线经平板后与光轴的交点不同。平行平板不能成完善像。

2. 平行平板的等效光学系统

(1) 平行平板在近轴区内以细光束成像时，由于 I_1、I_1' 很小，所以其余弦值可用 1 代替，由式(4-26)得到近轴区内的轴向位移为 $\Delta L' = d(1 - 1/n)$。

(2) 物理意义：表明在近轴区，平行平板的轴向位移只与其厚度 d 和折射率 n 有关，与入射角无关。因此，平行平板在近轴区以细光束成像是完善的。

(3) 应用：利用这一特点，将平行玻璃平板简化为一个等效空气平板。如图 4-20 所示，入射光线 PQ 经过玻璃平板 $ABCD$ 后，出射光线 HA' 平行于入射光线。过 H 点作光轴的平行线，交 AP 于 G 点，过 G 点作光轴的垂线 EF。将玻璃平板的出射平面及出射光路 HA' 一起沿光轴平移 $\Delta l'$，则 CD 与 EF 重合，出射光线在 G 点与入射光线重合，A' 和 A 重合。这表明光线经过玻璃平板的光路与无折射的通过空气层 $ABEF$ 的光路完全一致。这个空气层就称为平行玻璃平板的等效空气平板，其厚度为

$$\bar{d} = d - \Delta L' = \frac{d}{n} \tag{4-28}$$

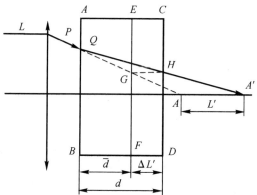

图 4-20 平行平板的等效作用

引入等效空气平板的作用在于，如果光学系统的会聚或发散光路中有平行玻璃平板，那么可将其等效为空气平板，这样可以在计算光学系统的外形尺寸时简化对玻璃平板的处理。

三、反射棱镜

将一个或多个反射面磨制在同一块玻璃上形成的光学元件称为反射棱镜。反射棱镜在光学系统中主要实现折转光路、转像和扫描等功能。如将图4-21中双面镜的两个反射面作在同块玻璃上，就形成一个二次反射的棱镜。在反射面上，若所有入射光线不能全部发生全反射，则必须在该面上镀以金属反射膜（如银、铝或金等），以减少反射面的光能损失。

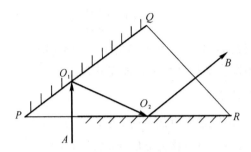

图4-21 反射棱镜的主截面

光学系统的光轴在棱镜中的部分称为棱镜的光轴，一般为折线，如图4-21中的AO_1、O_1O_2和O_2B。

每经过一次反射，光轴就折转一次。反射棱镜的工作面为两个折射面和若干反射面，光线从一个折射面入射，从另一个折射面出射。因此，两个折射面分别称为入射面和出射面。大部分反射棱镜的入射面和出射面都与光轴垂直。工作面之间的交线称为棱镜的棱，垂直于棱的平面称为主截面。在光路中，所取主截面与光学系统的光轴重合，因此，主截面又称光轴截面。

反射棱镜的种类繁多，形状各异，大体上可分为简单棱镜、屋脊棱镜、立方角锥棱镜和复合棱镜四类，作用主要是折转光路、转像、倒像和扫描等。

(一)简单棱镜

简单棱镜只有一个主截面，它所有的工作面都与主截面垂直。根据反射面数的不同，又分为一次反射棱镜、二次反射棱镜和三次反射棱镜。

1.一次反射棱镜

一次反射棱镜有一个反射面，与单个平面镜对应，使物体成镜像，即垂直于主截面的坐标方向不变，位于主截面内的坐标改变方向。

最常用的一次反射棱镜为等腰直角棱镜，如图4-22(a)所示，光线从一直角面入射，从另一直角面出射，使光轴折转90°。图4-22(b)所示的等腰棱镜可以使光轴折转任意角度。反射面角度的确定只需使反射面的法线方向处于入射光轴与出射光轴夹角的平分线上即可。

这两种棱镜的入射面与出射面都与光轴垂直，在反射面上的入射角大于临界角，能够发生全反射，反射面无需镀反射膜。图4-22(c)所示为道威(Dove)棱镜，它是由直角棱镜去掉多余的直角部分而成的,其入射面和出射面与光轴均不垂直,但出射光轴与入射光轴方向不变。道威棱镜的重要特性之一:当其绕光轴旋转 α 角时,反射像同方向旋转 2α 角,正如平面镜旋转一样。图 4-22(c)中,上图右手坐标系 xyz 经道威棱镜后,x 坐标由向上变为向下,y 坐标方向不变,从而形成左手坐标系 $x'y'z'$。在道威棱镜旋转 90°后,x 坐标方向不变,y 坐标由垂直纸面向外变为垂直纸面向里,如图 4-22(c)下图所示。这时的像相对于旋转前的像旋转了 180°。由于道威棱镜的入射面和出射面与光轴不垂直,所以道威棱镜只能用于平行光路中。

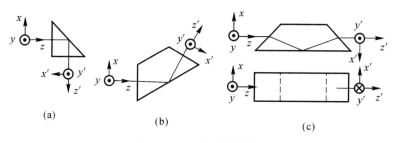

图 4-22 一次反射棱镜
(a)等腰直角棱镜;(b)等腰棱镜;(c)道威棱镜

2. 二次反射棱镜

二次反射棱镜有两个反射面,作用相当于一个双面镜,其出射光线与入射光线的夹角取决于两反射面的夹角。由于是偶次反射,所以像与物一致,不存在镜像。

常用的二次反射棱镜如图 4-23 所示,从图 4-23(a)到(e)分别为半五角棱镜、30°直角棱镜、五角棱镜、二次反射直角棱镜和斜方棱镜,棱镜两反射面的夹角分别为 22.5°、30°、45°、90°和 180°,对应出射光线与入射光线的夹角分别为 45°、60°、90°、180°和 360°。

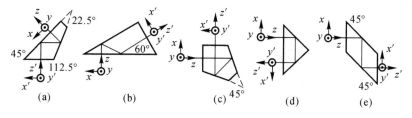

图 4-23 常用二次反射棱镜
(a)半五角棱镜;(b)30°直角棱镜;(c)五角棱镜;(d)二次反射直角棱镜;(e)斜方棱镜

半五角棱镜和 30°直角棱镜多用于显微镜观察系统,使垂直向上的光轴折转为便于观察的方向。五角棱镜取代一次反射的直角棱镜或平面镜,使光轴折转 90°,而不产生镜像,且装调方便。二次反射直角棱镜多用于转像系统中,或构成复合棱镜。斜方棱镜可以使光轴平移,多用于双目观察的仪器(如双筒望远镜)中,以调节两目镜的中心距离,满足不同眼基距(双眼中心距离)人眼的观察需要。

3. 三次反射棱镜

如图 4-24(a)所示的二次反射棱镜称为斯密特棱镜,出射光线与入射光线的夹角为 45°,奇数次反射成镜像。其最大的特点是因为光线在棱镜中的光路很长,所以可以折叠光路,使仪器的结构紧凑,如图 4-24(b)所示。

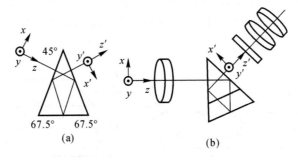

图 4-24 斯密特棱镜及其应用

(二)屋脊棱镜

由上面的讨论可知,奇数次反射使物体成镜像。如果需要得到与物体一致的像,而又不宜增加反射棱镜时,可用交线位于棱镜光轴面内的两个相互垂直的反向面取代其中一个反射面,使垂直于主截面的坐标被这两个相互垂直的反向面依次反射而改变方向,从而得到与物体一致的像,如图 4-25 所示。这两个相互垂直的反向面叫作屋脊面,带有屋脊面的棱镜称为屋脊棱镜。

常用的屋脊棱镜有直角屋脊棱镜、半五角屋脊棱镜、五角屋脊棱镜和斯密特屋脊棱镜等。将图 4-24 中的斯密特棱镜底面换成屋脊面,就形成斯密特屋脊棱镜。

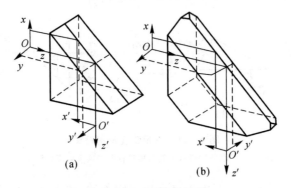

图 4-25 直角屋脊棱镜

(三)立方角锥棱镜

这种棱镜是由立方体切下一角而形成的,如图 4-26 所示。其三个反射工作面相互垂直,底面是一个等腰三角形,为棱镜的入射面和出射面。立方角锥棱镜的重要特性在于:光线以任意方向从底面入射,经过三个直角面依次反射后,出射光线始终平行于入射光线。当立方角锥棱镜绕其顶点旋转时,出射光线方向不变,仅产生一个平行位移。

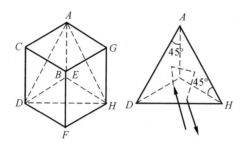

图 4-26 立方角锥棱镜

立方角锥棱镜可以和激光测距仪配合使用。激光测距仪发出一束准直激光束,经位于测站上的立方角锥棱镜反射,沿原光路返回,由激光测距仪的光电接收器接收,从而解算出测距仪到测站的距离。立方角锥棱镜还可用于激光谐振腔中,构成免调谐激光器。

(四)棱镜的组合——复合棱镜

复合棱镜由两个以上棱镜组合起来,可以实现一些单个棱镜难以实现的特殊功能。下面介绍几种常用的复合棱镜。

1. 分光棱镜

分光棱镜如图 4-27 所示,一块镀有半透半反析光膜的直角棱镜与另一块尺寸相同的直角棱镜胶合在一起,可以将一束光分成光强相等或光强呈一定比例的两束光,且这两束光在棱镜中的光程相等。这种分光棱镜应用广泛。

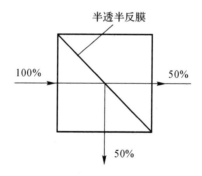

图 4-27 分光棱镜

2. 分色棱镜

如图 4-28 所示,白光经过分色棱镜后被分解为红、绿、蓝三束单色光。其中,a 面镀反蓝透红绿介质膜,b 面镀反红透绿介质膜。分色棱镜主要用于彩色电视摄像机的光学系统中。

3. 转像棱镜

如图 4-29 所示,转像棱镜的主要特点是出射光轴与入射光

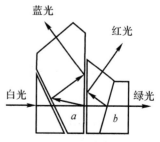

图 4-28 分色棱镜

轴平行,实现完全倒像,并能折转很长的光路在棱镜中,可用在望远镜光学系统中实现倒像。

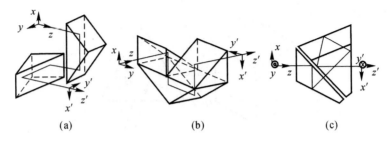

图 4-29 转像棱镜

(a)普罗Ⅰ型转像棱镜;(b)普罗Ⅱ型转像棱镜;(c)别汉棱镜

4. 双像棱镜

如图 4-30 所示,双像棱镜由四块棱镜胶合而成,其中,棱镜Ⅱ和棱镜Ⅲ的反射面镀半透半反的膜。当物点 A 不在光轴上时,双像棱镜输出两个像点 A_1 和 A'_2;而当物点 A 移向光轴 O 时,双像棱镜输出的两个像 A_1 和 A'_2 重合在光轴 O' 上。双像棱镜与目镜联用,构成双像目镜,用于圆孔的瞄准,很方便。

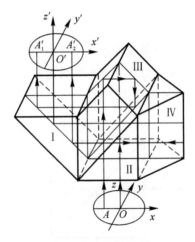

图 4-30 双像棱镜

随着光学零件加工工艺的不断进步以及工程实际的需要,现在也有将球面加工在棱镜上的,即将反射棱镜的一个或几个工作面(折射面或反射面)做成球面甚至非球面,形成所谓"球面棱镜",在满足转折光路和转像的同时,实现一定的光焦度,使整个光学系统结构尽可能简化和紧凑。

(五)棱镜系统的成像方向判断

实际光学系统中使用的平面镜和棱镜系统有时是复杂的,正确判断棱镜系统的成像方向对于光学设计来说至关重要。如果判断不正确,使光学系统成镜像或者倒像,就会给系统操作者观测带来错觉,甚至出现操作上的失误。上面已对常用各种棱镜的光路折转和成像方向进行了讨论,这里归纳如下判断原则。

(1) $O'z'$ 坐标轴和光轴的出射方向一致。

(2) 垂直于主截面的坐标轴 $O'y'$ 视屋脊面的个数而定,若有奇数个屋脊面,则其像坐标轴方向与物坐标轴方向相反,若有偶数个屋脊面,则其像坐标轴方向与物坐标轴方向一致。

(3) 平行于主截面的坐标轴 $O'x'$ 的方向视反射面个数(屋脊面算两个反射面)而定。如果物坐标系为右手坐标系,当反射面个数为偶数时,$O'x'$ 坐标轴按右手坐标系确定;而当反射面个数为奇数时,$O'x'$ 坐标轴按左手坐标系确定。

光学系统通常是由透镜和棱镜组成的。因此,还必须考虑透镜系统的成像特性,即透镜系统成像的正倒问题。整个光学系统成像的正倒是由透镜成像特性和棱镜转像特性共同决定的。

第五节　人眼的视觉特性

人眼相当于一个特殊优异的光学仪器,其外观近于球状。人眼作为一个完整的视觉系统,可以把它与一般光学仪器作类比。

一、视场角与瞳孔

像许多具有搜索、跟踪能力的光电成像系统一样,人眼的有效视角分为凝视视场和搜索视场两种。前者指眼球不转动的情况,其数值为 6°~8°。后者指眼球转动的情况:以视轴为准,在水平面内,往太阳穴方向视角可达 95°,往鼻子方向为 65°;在铅垂面内,向上为 60°,向下约 72°。可见,对单眼而言,无论在水平面内还是在铅垂面内,其有效视角都不是对称分布的,这由人体生理条件决定。当按视场角对光学系统进行分类时,通常把视场超过 100° 者称为超广角系统。照此看来,眼睛是"超超广角系统"了,但其清晰视角只有 6°~8°。

眼睛的虹膜可以自动改变瞳孔的大小,可使其在 2~8 mm 直径范围内变化。例如,白天光线较强,瞳孔缩到 2 mm,夜晚可扩至 8 mm 左右。

二、人眼视觉的一般特性

(一)响应与适应

人眼的视觉响应可分为以下三类。

(1) 明视觉响应——锥状细胞起作用,指视场亮度 $L_h \geqslant 3$ cd·m^{-2} 的情况。

(2) 暗视觉响应——杆状细胞起视觉作用,指视场亮度 $L_d \leqslant 3 \times 10^{-5}$ cd·m^{-2} 的情况。因杆状细胞不能辨色,故这时感觉(例如夜间)景物为灰白色,失去了颜色信息。

(3) 中间视觉响应——当视场亮度从上述 L_h 降至 L_d 时,人眼由明视觉逐渐转为暗视觉,起视觉作用的细胞由锥状细胞交替为杆状细胞。

试验表明,人眼对视场亮度的适应范围可达 8~10 个量级。但当亮度突变时,人眼要经过一段时间才能达到正常视觉状态,此过程叫"适应"。

对视场由暗突变到亮的"适应"叫亮适应,需 2~3 min,反之为暗适应,约需 45 min。

"适应"系基于瞳孔大小的调节和两种视觉细胞工作的交替。以暗适应为例:暗适应过程中,瞳孔自行扩大,使进入眼内的光通量增加,但这还远远不够(即使眼瞳直径从 2 mm 扩至 8 mm,其光通量也只能增加至 16 倍)。暗适应主要靠杆状细胞,这是因为杆状细胞在暗适应过程中对光的敏感性可提高 $1×10^6$ 倍。杆状细胞中的视紫红素受光照而褪色,但当视场黑暗时,它又重新合成而恢复,故暗适应过程也是视紫红素合成的过程。由于这种合成需要维生素 A 参与,所以缺乏维生素 A 的人常有"夜盲"症障碍。

(二)绝对视觉阈

经充分的暗适应后,人眼在全暗环境中刚好能感知的最小光刺激值叫作人眼绝对视觉阈。若以入射至眼瞳上的最小光照度表示,上述阈值为 $1×10^{-9}$ lx;若以量子个数表示,则此阈值相当于 58~145 个波长为 $\lambda=0.51\ \mu m$ 的蓝绿光子轰击角膜引起的刺激效果。天文学上认为正常人眼能看到的六等星,其在眼瞳上形成的照度约为 $9×10^{-9}$ lx。

(三)分辨力(视觉锐度)

人眼刚能区分两发光点时,此两点对眼的张角叫作极限分辨角 α_e;而 $1/\alpha_e$ 叫作分辨力或视觉锐度。

视网膜中央凹附近密集锥状细胞,其平均直径小(4~4.5 μm),且每个细胞都有独立的视神经通道,故该区域分辨力最高(分辨角最小,$\alpha_e=1'$)。

当偏离中央凹时,锥状细胞急剧变少,杆状细胞成为视觉感知主体,而杆状细胞分布较稀,直径较粗,且多个细胞成簇地与一神经通道相连,因此分辨力下降。

人眼在视物时,眼球不断转动,以使视场内各部分相继处于中央凹区,获得全场清晰图像。

视场亮度和目标对比度直接影响人眼的分辨力,而眼总会自行适应它们的变化。表 4-1 列出了不同背景亮度和对比度时的极限分辨角。由表 4-1 可见,当背景亮度或对比度下降时,人眼分辨力就会降低。与表相应的实验条件:白光照明,白背景上带方形缺口且对比度不同的黑环,双眼做不限时间的观察。

应当说明,经常认为人眼的极限分辨角为 $1'$,这是针对点目标而言的,若观察两平行直线,则极限分辨角可高达 $10''$。这是因为直线成像会刺激一连串视觉细胞,使人眼能更敏锐地觉察两直线间的相对间隔。军用仪器中常采用"双线对准""双线套单线"等瞄准方式,原因就在于此。

表 4-1 人眼视觉特性随照度的变化

环 境	光照度/lx	分辨角/(')	阈值对比度/(%)	颜色能见度
夜间天空对地面	$3×10^{-4}$	50	66	0;不可辨色
满月在天顶时的地面	0.2	3	7.8	浓色辨不清,淡色不可辨
辨认方向所需	1	1.5	3.7	浓色可辨,淡色辨不清
晴朗夏天室内	100~500	0.75	1.75	浓色可辨,淡色辨不清
太阳直照	100 000	0.7	4.8	易辨各色

三、立体视觉与空间深度感

正常人眼在观察外界景物时,除能感知物体的形状、大小、明暗程度及表面颜色外,还能够在一定程度上产生距离远近的感觉,这种远近的感觉叫作空间深度感,无论是单眼还是双眼都有空间深度感,但双眼的深度感比单眼的强而且可靠。

(一)单眼深度感

单眼深度感觉源于以下几方面因素。

(1)依据几个物体之间的相互遮蔽关系,判断其相对远近。

(2)对高度相同的物体,可依据其对应的视角大小来区分远近,视角大者为近。此即常说的"近大远小"规则。

(3)根据对物体细节的辨认程度,也能比较物体的远近。

(4)通过眼肌收缩的紧张程度感知远近,这种感觉只在两三米以内有效。

(5)依据经验对熟悉的物体判定远近。

(二)双眼深度感与体视效应

(1)眼球转动时肌肉紧张程度的不同,反映了物体的远近。双眼注视同一物体时,两眼的视轴会转动对向该物。左右视轴间形成夹角 α,如图 4-31 所示。物体越近,则视觉上会越大,眼球转动时肌肉就越紧张(正常人眼观察无穷远物体时,眼肌最松弛)。据此感觉便可判断物体的远近。经验表明,这种判断只在约 16 m 之内有效,而准确判断的距离只有几米的范围。这里,左右视轴间的夹角 α 叫视差角。

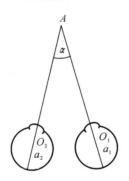

图 4-31 双眼观察

(2)"体视效应"的作用,如图 4-32 和图 4-33 所示。双眼注视物点 A 时,A 在左右眼中所成的像各为 a_2、a_1,它们都在黄斑中心。若物点 B 与 A 处于同一距离上,其在两眼中的像是 b_2、b_1,显然有 $\alpha_A = \alpha_B$,且网膜上两像点间的距离符合 $a_1 b_1 = a_2 b_2$,b_2、b_1 黄斑同侧。

若 B 点至人眼的距离与 A 点不同,则有如图 4-33 所示的两种情况。在图 4-33(a) 中,$\alpha_A \neq \alpha_B$,且 b_2、b_1 分别位于黄斑中心的不同侧。在图 4-33(b) 中,$\alpha_A \neq \alpha_B$,虽然 b_2、b_1 同在黄斑左侧,但线段 $a_1 b_1 \neq a_2 b_2$。无论是图 4-33 中的哪种情况,都表现为 B 点在左右网膜上的像 a_1 和像 b_1 不能互相对应,于是视觉中枢就产生了远近感觉。这种基于左右眼成像位置比较而产生的远近感知被称为双眼立体视觉,简称为"体视效应"。由于体视效应,人眼便能够精确地判断两物点的距离远近。

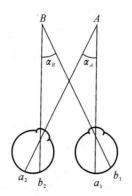

图4-32 距离相等的两点

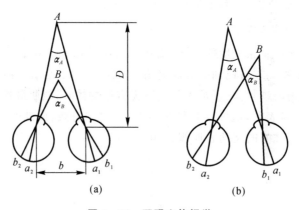

图4-33 双眼立体视觉

(三)体视锐度

如上所述,人眼体视效应系基于对视差角差值 α_A、α_B 的感知,即 $\Delta\alpha = \alpha_A - \alpha_B$。若反映在光学上,则是对左右眼成像位置失去对应性的程度的判断。就好像是在图像相关处理中,感知两幅图像不相匹配的程度一样。这种不相对应的程度(或称不相匹配的程度)就取决于差值 $\Delta\alpha$。可见,当 $\Delta\alpha$ 小于某一极限值 $\Delta\alpha_{min}$ 时,人眼便无法提取这种差值信息。这个刚好能被人眼觉察的极限值 $\Delta\alpha_{min}$ 称为体视锐度,它代表了体视效应作用的极限。

通常认为,人眼的体视锐度 $\Delta\alpha_{min} = 10''$,这是个统计平均值。实践证明,经过专门训练的人,体视锐度可达 $3''\sim 5''$。

(四)体视半径

无穷远物点对应的视差角 $\alpha = 0$。当某物点由无穷远处逐渐向观察者靠近时,其与无穷远点的视差角之差由零渐渐增大为 $\Delta\alpha \neq 0$。在此过程中,只要 $\Delta\alpha < \Delta\alpha_{min}$,此差值就一直不能被人眼觉察。一旦达到 $\Delta\alpha = \Delta\alpha_{min}$,人眼便开始有距离判断能力。此时,人恰好能感到物

点不在无穷远(即觉察物点与无穷远物点距离不同)。显然,这个处于临界位置的物点距离即是人眼恰好能分辨远近的最大距离,被称为体视半径,一般工程上取 $D_{max}=1\,200$ m。很清楚,体视半径 D_{max} 是个界限,在体视半径之外的物点,人眼便无法区分其远近,或者说,都被认为是在无穷远处。D_{max} 可由下式得到:

$$D_{max}=b/\Delta\alpha_{min} \tag{4-29}$$

式中:b 是左右瞳孔间距,可取 $b=62$ mm。

(五)立体视觉的误差

由图 4-33(a)可知,对物点 A 有 $\alpha=b/D$,其中,b 称为基线长度,D 是物点距离,α 是视差角。

对式(4-29)微分得到

$$\Delta D=\Delta\alpha\cdot D^2/b$$

若取 $b=62$ mm,$\Delta\alpha=\Delta\alpha_{min}=10''$,则有

$$\Delta D\approx 8\times 10^{-4}D^2$$

ΔD 就是在距离 D 处人眼的立体视觉误差,简称体视误差。立体视觉误差与眼基线长度成反比,与物体距离的二次方成正比。例如,在 100 m 距离上,体视误差为 8 m。

四、颜色视觉

(一)颜色及其特性

颜色分为黑白系列和彩色系列。黑白系列主要有黑色、白色、灰色,彩色系列包括各种彩色,它们都具有明度、色调及饱和度三种特性。

对发光体而言:当其亮度很高时,人眼看到的是白色;当亮度低至一定程度时,人眼看到的是灰色;当停止发光时,人眼看到的是黑色。对本身不发光的物体而言,若它对可见光区域各波长的反射率 $\rho\geqslant 0.8$,则人眼看到其为白色;若 $\rho\leqslant 0.04$,则为黑色;当 $0.04<\rho<0.8$ 时,为不同深浅的灰色。

彩色的明度是指彩色体作用于人眼产生的明暗程度感觉。对发光体,其亮度高者则明度亦高;对非发光体,其反射率高者则明度亦高。

色调是区分颜色的最基本属性,如红色、绿色、蓝色等。透明体的色调取决于透射波长。饱和度指颜色的深浅,其值越高则颜色越深。单色光是最饱和的彩色,其饱和度为 100%。色调与饱和度又统称为色度,它既包含了颜色的基本属性,又包含了颜色的深浅概念。

(二)色觉适应

若人眼在对某一颜色适应后再去观察另一颜色,则不能当即获得客观的颜色感知,而是带有原适应色的补色印象,经过一定时间才能得到真实的颜色感知,这就是颜色视觉中的适应过程。

若人眼注视一大块红纸,待足够时间后换一张白纸,起初眼会感到白纸呈青色。经过一

段时间后,青色渐淡,白纸才逐步表现为本来的白色。

(三)色觉缺陷

正常人眼视网膜上有分别含亲红、亲绿、亲蓝视色素的三种锥状细胞,有优异的辨色力。正常人是三色觉者,而有色觉缺陷的人,辨色力下降。这种缺陷包括色弱、局部色盲或完全色盲。

1. 色弱

色弱者是异常三色觉者(或称轻度异常色觉者),其中,在红光谱区辨色力差者叫红色弱或甲型色弱,而在绿光谱区辨色力差者叫绿色弱或乙型色弱,还有蓝黄色弱很少见。若用红、绿原色混合成黄色,则对前者就需要比正常人更多的红色成分,而对后者即需要比正常人更多的绿色成分。换言之,前者对红光的敏感性较差,只有波长变化较大时才能感知色调变化,且红光须有较高亮度才能使其正确辨认。

2. 局部色盲

局部色盲有红-绿色盲和蓝-黄色盲。前者又叫红色盲(甲型色盲)和绿色盲(乙型色盲),后者也叫丙型色盲。局部色盲患者是二色觉者。在整个可见光谱带上,甲型、乙型色盲者只看到黄、蓝两种色彩,而丙型色盲者只看到红、绿两种色彩。局部色盲常由视网膜疾病所致。

3. 全色盲

全色盲者只有明暗感觉而无颜色感觉。

五、眼睛的分辨特性

人眼能分辨出非常邻近的两个物点的能力称为眼睛的分辨率。它是表示眼睛性能的重要指标,主要取决于网膜的视神经细胞的直径。视神经能够分辨的两像点之间的距离,至少应该等于两个视神经细胞的直径。若两像点之间的距离小于两个细胞的直径,则两像点就落在相邻的两个细胞上,视神经就不能分辨出两个点。在网膜视觉最灵敏的黄斑上,视神经细胞的直径为 $0.001 \sim 0.003$ mm,因此,黄斑上网膜能分辨的最小距离,不会小于 0.006 mm。

思 考 题

1. 光学系统由哪几部分组成?
2. 对于理想光学系统,已知物求其像有哪几种方法?
3. 简述人眼视觉响应与适应。
4. 对正常人来说,观察前方 1 m 远的物体时,眼睛需调节多少视度?
5. 试写出一个望远系统对任一对共轭点的物像矩阵。

6. 设某一焦距为 30 mm 的正透镜在空气中,分别在透镜后面 $1.5f'$、$2f'$、$3f'$ 和 $4f'$ 处置一个高度为 60 mm 的虚物。试分别用作图法、牛顿公式和高斯公式求其像的位置和大小。

7. 设某一系统在空气中,对物体成像的垂轴放大率 $\beta=10\times$,由物面到像面的距离(共轭距离)为 7 200 mm,该系统两焦点之间的距离为 1 140 mm。试求物镜的焦距,并给出该系统的基点位置图。

8. 哪些装备利用了人眼的明暗适应视觉特性?

9. 单目或双目观测装备会影响人眼的什么视觉特性?

第五章　光学的军事应用

作为当代武器装备效能和国家军事实力的倍增器,军用光学技术占据越来越重要的地位,起着越来越突出的作用。现代军用光学技术的发展日新月异,并广泛涉及可见光成像技术、微光夜视技术、红外技术、激光技术、光电对抗技术、光电综合应用技术、视觉与信息提取技术等诸多方面。

第一节　可见光成像技术

太阳发出的光不只是人类用肉眼可以看到的可见光,还包括紫外线(10~400 nm)、可见光(400~760 nm)和红外线(760~1 000 nm)等各种各样的光。在可见光波段范围内,不经过光电转换的普通光学仪器在军事上应用得最早,技术比较成熟,具有扩大和延伸人的视觉、发现人眼看不清或看不见的目标、测定目标的位置和对目标瞄准等功能,通常可分为观测仪器和摄影测量仪器两大类。前者以人眼作为光信息接收器,后者用感光胶片记录景物信息。普通光学仪器主要由光学系统(物镜、转像镜、分划镜、目镜等)、镜筒和精密机械零部件等组成。观察测量仪器的光学系统主要是望远系统,它能放大视角,使人看清远方的景物,便于测量和瞄准。摄影仪器的光学系统主要是照像物镜,为了适应不同的使用要求,发展了大口径、长焦距、变焦距等多种镜头。军用可见光仪器主要有望远镜、炮队镜、方向盘、潜望镜、瞄准镜、测距机、经纬仪、照相机、判读仪等。尽管从20世纪50年代以来,出现了红外、微光、激光等技术先进的光电子仪器,但普通光学仪器具有结构简单、使用方便和成本较低等优点,仍然是武器装备配套的重要组成部分。

一、望远镜

望远镜是军事领域中的重要装备之一,且根据不同的需要,还演变成各种具有专用名称的军用仪器,例如瞄准镜、光学测距仪、炮队镜、周视镜、潜望镜、侦察经纬仪等。这些仪器都具有观察、搜索远距离目标的功能,同时还具有各不相同的特殊功能。

(一)望远镜的结构

望远镜之所以具有侦察远距离目标的能力,主要得益于各种透镜的合理组合。一个物镜和一个目镜就可构成一架最基本的望远镜。

绝大多数望远系统是由一个正光焦度的物镜($f'_物 > 0$)和一个正光焦度的目镜

($f'_目>0$)组成的,如图 5-1 所示,这种类型的望远系统称为开普勒望远系统。它的特点是在系统中物镜的后焦面上生成一个实像,故可在此位置上安置一块分划板进行瞄准和测量,在军事上有实用价值。但由于它的视放大率为负值,在系统中所成的像是倒立的,观察和瞄准很不方便,所以在实际使用中还必须加入正像系统。

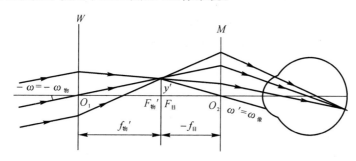

图 5-1 开普勒式望远镜原理示意图

(二)望远镜的光学性能

望远系统的光学特性包括视放大率(角放大率)、光瞳(入射光瞳和出射光瞳)、视场(物方视场和像方视场)以及分辨率等。

1. 视放大率

望远镜的视放大率是望远镜最重要的技术诸元之一,它标志着望远镜的放大功能。其计算公式为

$$\tau=\frac{f'_物}{f'_目} \tag{5-1}$$

由式(5-1)可以看出,一个望远系统的视放大率只与其物镜和目镜的焦距有关,物镜和目镜选定后,望远系统的视放大率也就定下来了。该式未考虑 τ 的符号,只是数值计算式,后文未作说明也是如此。

2. 入射光瞳、有效光阑与出射光瞳

在实际的光学仪器中,为了得到较好的像质,必须在光学系统中加上一些圆孔光阑,将成像光束的孔径和成像空间的大小限制在一定的范围内。在光学系统中,限制轴上物点成像光束孔径大小的光阑称为孔径光阑或有效光阑。有效光阑的大小决定了进入仪器光束的粗细,从而确定了光学仪器的物像亮度。

有效光阑通过在它前面的光学元件在系统空间内所成的像称为入射光瞳,简称"入瞳",其直径用 D 表示。开普勒式望远系统的有效光阑多为物镜框,它同时也是入射光瞳。有效光阑通过在它后面的光学系统于整个光学系统像空间内所成的像称为出射光瞳,简称"出瞳",其直径用 D' 表示。

显然,入射光瞳、有效光阑和出射光瞳三者是共轭的,入射光瞳和出射光瞳就像望远系统的入口和出口一样,从物体上任一点发出的光束必须经过入射光瞳才能进入仪器,超过入射光瞳以外的光线被阻挡不能进入望远系统。出射光瞳处光线最密集,如把望远镜对向亮处,就会看到后面有一个小亮斑,那就是出射光瞳。

3. 出瞳距离

使用光学仪器时,必须使人眼瞳孔与仪器的出射光瞳重合,出射光瞳距离目镜过远或过近,都不便于观察。把目镜最后表面至出射光瞳的距离称为望远系统的出射光瞳距离,用 L'_z 表示。光学仪器的出射光瞳距离一般不小于 10 mm,否则眼睫毛易触到目镜表面,影响观察。需戴防毒面具操作的仪器,出射光瞳距离应大于 20 mm。火炮瞄准镜的出射光瞳距离为 20～30 mm,这是为了防止火炮射击时震动而碰伤人眼。

4. 视场

在光学系统中,限制视场范围大小的光阑称为视场光阑,而光学系统成像的物面大小称为视场(也就是说通过望远系统所能看到的最大空间范围),其大小用视场角 2ω 来表示。开普勒式望远系统的视场由安置在物镜后焦面上的分划板框的大小来确定,并把分划板框称为视场光阑。从图 5-2 中可以看出:视场角 2ω 就等于从物镜中心向分划板边缘(也就是视场光阑)作连线所构成的圆锥角。视场角 2ω 经目镜后的共轭角 $2\omega'$ 称为望远系统的像方视场角,它决定了像空间的大小范围。在通常情况下,像方视场角由目镜来决定,目镜的类型一经确定,$2\omega'$ 就是一个定值,这时望远系统的视场就与视放大率成反比。此关系可从图 5-2 中推导出。

5. 分辨率

与人眼的分辨率的定义一样,把望远系统能分辨出邻近两物点的能力称为望远系统的分辨率,并用分辨角 θ 表示。

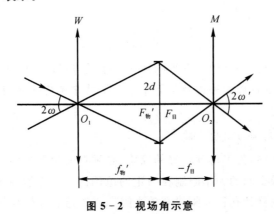

图 5-2 视场角示意

(三)稳像技术

由于战场环境较差,在车辆、舰船、飞机上使用望远镜时常受到外来的震动、颠簸等干扰,所以军用望远镜(特别是坦克、自行火炮、飞机用的瞄准镜)常需采用稳像技术。稳像的方法有使整个望远镜稳定的,也有使望远镜中部分光学零件做补偿运动来达到稳像效果的,稳像技术常常是靠重力和陀螺的定轴性来起稳定作用的。

二、周视瞄准镜

周视瞄准镜是配备于炮兵多种火炮的一种通用瞄准镜,可用于火炮的直接、间接瞄准和标定。此外,它与标定器配合使用,能够不受地形、地物和气候条件的限制,对火炮实施瞄准或标定。

(一)周视瞄准镜的特点

(1)周视瞄准镜具有周视能力,即当转动方向转螺,使镜头环视一周时,目镜保持原位不动,这样瞄准手不移动位置就可以在任意方位上选择瞄准点。

(2)周视瞄准镜有较大的视场和一定的视放大率,能迅速地捕捉目标并精确瞄准。

(3)周视瞄准镜有较大的出射光瞳距离,能防止火炮射击时因震动而碰伤瞄准手的眼睛。

(4)周视瞄准镜结构牢固可靠,能经受住火炮发射时的冲击震动。

(二)周视瞄准镜的构造

周视瞄准镜光学系统如图 5-3 所示。

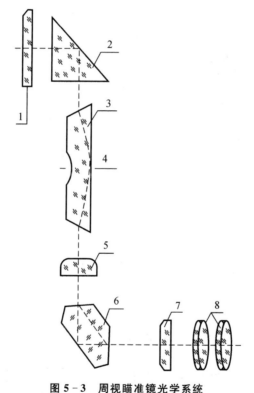

图 5-3 周视瞄准镜光学系统

1—保护玻璃;2—直角棱镜;3—梯形棱镜;4—入射光瞳位置
5—物镜;6—屋脊棱镜;7—分划板;8—目镜组

(1)直角棱镜:直角棱镜的作用是改变光路的方向,并借助它在垂直面内的摆动,使瞄准线上下移动,借助它绕垂直轴旋转可环视一周。为了使入射角小于临界角的光线也能全部反射,此棱镜反射面镀有银层。

(2)梯形棱镜:在仪器中依靠差动机构的作用,使梯形棱镜绕垂直轴回转的转角总是直角棱镜绕垂直轴回转角的一半,以补偿直角棱镜转动所引起的像倾斜现象,从而保证镜头作周视时所观察到的像永远是正立的。

(3)物镜:将远方目标成像在分划板刻线面上。

(4)屋脊棱镜:将光路改变90°,并起正像的作用。

(5)分划板:位于物镜的后焦面上,刻线面朝向物镜一侧。

(6)目镜:为对称式目镜,用以放大物像的视角。

光学系统的正像原理是由于直角棱镜、梯形棱镜和屋脊棱镜的反射作用,使物像上下颠倒3次、左右颠倒1次,正好抵消了物镜成像上下和左右各相差180°的作用,从而保证在分划板上能获得正立的物像。

图 5-3 所示的周视瞄准仪就应用了直角棱镜和梯形棱镜的旋转特性。当直角棱镜在水平面内以角速度 ω 旋转时,梯形棱镜绕其光轴以 $\omega/2$ 的角速度同向转动,可使在目镜中观察到的像的坐标方向不变。

第二节 微光技术

微光,又叫夜天光,是存在于夜间的月光、星光和大气辉光(高层大气受太阳照射后发出的光)的统称。微光技术是研究景物在微弱光照条件下的成像技术。在可见光和近红外波段内,利用微光技术可将微弱的光场分布转变为人眼可见的图像,从而扩展人眼在低照度下的视觉能力。微光夜视仪器可分为直接观察和间接观察两种。前者叫微光夜视仪,由物镜、像增强器、目镜和电源、机械部件等组成,人眼通过目镜观察像增强器荧光屏上的景物图像,已经广泛用于夜间侦察、瞄准、驾驶等。后者叫微光电视,由物镜、微光摄像器件组成微光电视摄像机,通过无线或有线传输,在接收显示装置上获得景物的图像,可用于夜间侦察和火控系统等。

一、微光夜视仪

微光夜视仪是利用像增强器将星光、月光和大气辉光等微弱的,甚至不能引起视觉的可见光增强到人眼能够看见的程度。

(一)微光夜视仪的组成

微光夜视仪主要包括微光光学系统、像增强器和电源三部分,如图 5-4 所示。

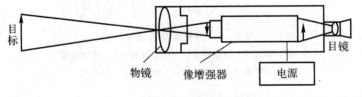

图 5-4 微光夜视仪结构示意图

(1)微光光学系统:微光光学系统主要包括物镜和目镜。其特点是适于在微弱光条件下应用。

(2)像增强器:像增强器是微光夜视仪的"心脏"。它由微光管构成,其作用是将暗图像增强为明晰可见的图像。

(3)电源:电源是微光夜视仪工作的能源。

(二)微光夜视仪的原理

1. 级联式像增强器微光夜视仪

级联式像增强器微光夜视仪是由三个微光管级联而成的,每个微光管的亮度增益通常在50～100之间。由目标反射的微弱夜天光经物镜聚焦在第一级微光管的光电阴极面上成像,光电阴极受照射就发射电子,这些电子经过电子透镜的加速和聚焦轰击荧光屏,使之呈现增强了的可见光图像,然后经纤维光学面板传递到第二级光电阴极面上,光电阴极受照射后发射电子……,如此逐级增强,最后便在第三级微光管的荧光屏上呈现清晰的可见光。

2. 微通道板像增强器微光夜视仪

微通道板像增强器微光夜视仪是为了克服级联式像增强器微光夜视仪体积、质量大的缺点而研制成的,它的关键部件是微通道板。

微通道板是电子倍增元件,它由若干很细的通道丝排列而成,如图5-5(a)所示,每根通道丝都是空心的纤细管,内表面是半导体材料。

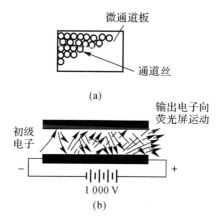

图5-5 微通道板工作原理示意图
(a)微通道板结构;(b)微通道板工作原理

光电倍增的工作原理可用图5-5(b)说明,进入通道丝的初级电子被电场加速,碰撞通道壁,产生二次电子,二次电子又在电场作用下继续碰撞通道壁,产生更多的二次电子……如此连锁反应,每次碰撞都使电子数目成倍增长,以至在通道口形成大量的二次电子流。如果初级电子是1个,而通道出口的电子是1 000个,就说它的增益为1 000倍。目前使用的微通道板的增益一般在1 000倍以上,最高可达百万倍。把微通道板放在微光管中荧光屏的前面,使阴极发射出来的电子经过微通道板倍增后再打到荧光屏上,就可以大大提高单级微光管的亮度增益。

(三)微光夜视仪的特点

与主动式红外夜视仪相比,微光夜视仪由于不主动发光照射目标,即工作在被动状态下,所以不易暴露,所获图像清晰,有利于识别目标。由于微光夜视仪是靠目标反射的夜天光工作的,所以它的作用距离与观察效果受天气条件影响很大,雨、雾天均不能正常工作,全黑时则完全失效。在无月的星光条件下，微光夜视仪的识别距离大多在1 000 m以下。

二、微光电视

微光电视属间视型微光产品，其工作原理为，暗淡的目标通过摄像机物镜成像在摄像管的阴极面上，经转换增强后在摄像管靶面上形成电子图像，然后通过电缆（或微波发射）进行传输，再由接收机（或显示器）转换成与所摄景物相对应的光学图像。

(一)微光电视的组成

如图5-6所示，微光电视系统由微光电视摄像机、传送系统、电视机等部分组成。

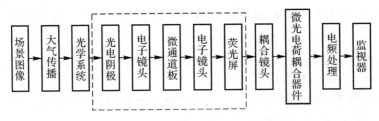

图5-6 微光电视系统的组成图

1. 微光电视摄像机

电视摄像机就是利用光敏器件与电子束扫描系统来实现活动的图像获得，再由显像管将电信号图像还原。它由光学系统（镜头）、微光摄像管和各种电路部分组成。

光学系统的作用就是光学成像和传递光能，它影响微光电视摄像装置的视距、视场、清晰度、逼真度和灵敏度。微光摄像管就是把经过光学系统成像后的光学图像信息转换为适宜处理和传递的电信号，从而使它进入各种电路部分。电路部分是将微光摄像管转换过来的电信号根据不同的性能要求各自进入视频电路、同步信号电路、水平偏转电路、垂直偏转电路等，经过这些电路后，再将信号输入显像管被人眼看到。

2. 传送系统

传送系统同日常生活中的电视是一样的，它可以用卫星传递，也可以用电缆有线传送。

3. 微光电视机

微光电视机也同日常生活中电视机是一样的，只不过根据用途，其尺寸不一样。

(二)微光电视的特点

微光电视可供多人、多地点同时观察，可以实现图像的远距离传输，可利用图像信号处理技术提高图像质量，可以录取长期保存。但同直视型微光夜视仪一样，微光电视受天气和场景影响较大，不能穿透烟雾和识别伪装，视距有限，另外体积还比较大，成本也比较高。和普通光学器材相比，微光电视还具有以下特点。

(1)光物镜孔径的面积大于眼睛瞳孔的面积。

(2)探测器的敏感光电阴极面积可以做得比相应的眼睛视网膜大许多。

(3)实质上第一个探测器光电阴极的量子效率比眼睛视网膜高得多。

(4)观察者的眼睛对显示在屏上的亮的图像进行观察时，能保持光适应（光适应眼）；此时，它的分辨本领是高的，并不需一个暗适应的时间（暗适应眼）。

(5)间接观察系统能给出更大的视场灵活性和适应性。

第三节 红外技术

红外线位于电磁波谱中的可见光谱段的红端以外,介于可见光与微波之间,波长为 0.76~1 000 μm,不能引起人眼的视觉。在实际应用中,常将其分为三个波段:近红外线,波长范围为 0.76~1.5 μm;中红外线,波长范围为 1.5~5.6 μm;远红外线,波长范围为 5.6~1 000 μm。

一、主动式红外夜视仪

任何物体都会对红外线产生反射。但由于物体表面的颜色、粗糙状态和受光方向不同,因而其反射红外线的程度也不一样,图 5-7 和图 5-8 中的曲线表示了不同目标和景物的反射率。从图中可以看出,各种物体的反射率相差很大,而且不同景物对不同波长的光波反射强弱也不相同,这就形成了不同景物在图像上对比度和颜色上的差别。因此,不同军事目标或同一军事目标在不同背景里的观察效果会有明显的不同。一般来说,目标与背景之间的对比度越大,观察效果就越好。

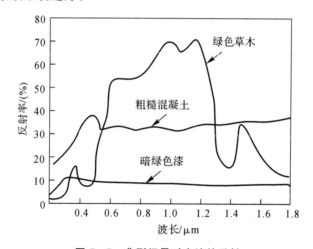

图 5-7 典型场景对光波的反射

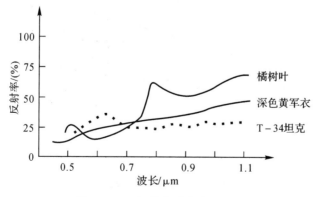

图 5-8 不同景物对光波的反射

主动式红外夜视仪是最早获得实际应用的一种夜视装置,由于它本身携带红外光源主动射向目标,依目标反射的红外线成像,所以它称为主动式红外夜视仪。该夜视仪红外光源发射的红外线波长为 0.76～1.2 μm,处于近红外区。

(一)主动式红外夜视仪的基本结构

主动式红外夜视仪通常由红外探照灯、红外光学系统、红外变像管和电源等组成(见图5-9)。

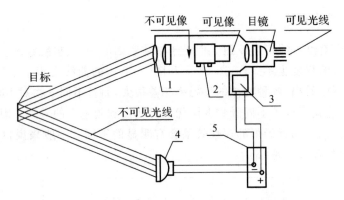

图 5-9 主动式红外夜视仪基本结构示意图
1—物镜;2—变像管;3—高压电源;4—蓄电池组;5—探照灯

红外探照灯是供夜间照明目标用的,包括红外光源、反射镜、红外滤光片等部分。

红外光学系统主要包括物镜和目镜。物镜的作用是把目标反射回来的红外线收集并聚焦成像于变像管的阴极面上。目镜用于观察和瞄准目标。

红外变像管是主动式红外夜视仪的"心脏",其作用是将不可见的红外图像,转换成清晰的可见图像,主要由光电阴极、荧光屏和电子透镜三部分组成(见图5-10)。

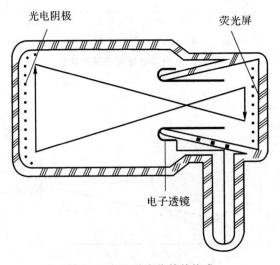

图 5-10 红外变像管的构成

电源是夜视仪器工作的能源。它包括低压直流电源和高压供电装置两个部分。

(二)主动式红外夜视仪的工作原理

如图 5-11 所示,探照灯向目标发射近红外光,目标反射近红外光,经物镜聚焦成像在变像管的光电阴极面上,促使光电阴极发生光电效应,发射电子,发射的电子流密度与目标反射的红外光强弱呈正比关系,也就是说,各个部位发射电子的分布情况和近红外物像的明暗分布情况是一致的,即构成了电子图像。组成电子图像的电子流在变像管内电子透镜的作用下,一方面聚焦成像;另一方面又得到更大的能量轰击荧光屏,最后在荧光屏上就显示出代表目标图像的可见光像素,可见光像素成像在目镜焦点内,于是眼睛就可以通过目镜看清黑暗中的放大目标的图像。

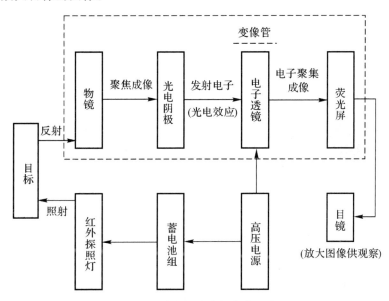

图 5-11 主动式红外夜视仪的工作原理

(三)主动式红外夜视仪的特点

主动式红外夜视仪是靠本身的红外线光源去照亮目标的,因此对目标的观瞄效果与自身的红外线光源的强弱有直接关系。当红外线探照灯光强时,由目标反射进入仪器透镜的光也就强,成像也清晰,仪器作用距离也远,反之,作用距离近。主动式红外夜视仪的作用距离对外界照度条件依赖性不强,只要目标及景物对红外线反射能力差别较大,就容易发现目标。它的不足之处在于,它是主动发射红外线去照射目标的,虽然肉眼不能观察到,但容易被敌方探测仪器所发现。另外,观察范围只限于被照的场景。在下雨或下雪的气象条件下,作用距离约减少 1/3 以上;在大雾天,作用距离减少 2/3 以上。

二、成像仪

红外线虽然不能给人以光感,但可以给人以热感。温度高于绝对零度(0 K/−273 ℃)的物体的分子都在不停地做无规则热运动,并产生热辐射,故自然界中的物体都能辐射出不同频率的红外线。物体的温度不同,辐射红外线的能量也不一样:物体温度高,则辐射出的红外线波长短,能量大,如太阳、红外灯等高温物体的辐射中就含有大量的近红外线;反之,物体温度低则辐射出的红外线波长长,能量小。在常温下,物体辐射出的红外线位于中、远红外线的光谱区,易引起物体分子的共振,有显著的热效应。因此,又称中、远红外线为热红外。例如,军事上的重要目标喷气式飞机的尾喷口的温度为800~900 K,辐射出的红外线波长为3.2~3.6 μm;坦克发动机处的温度为580 K,辐射出的红外线波长约为5 μm;车辆、火炮、舰艇和人的温度约为300 K,辐射出的红外线波长为8~13 μm。

根据红外线的辐射特性,人们可以用红外探测器昼夜探测目标与背景的红外辐射差异来形成热图像,以实现对目标的观察。由于热像仪只依靠接受目标和背景的不同红外辐射来成像,而无需人工照明源,所以其属于被动式。

(一)热像仪的结构

热像仪由红外光学系统、探测器信号处理电路、显示器等五个基本部分组成(见图5-12)。

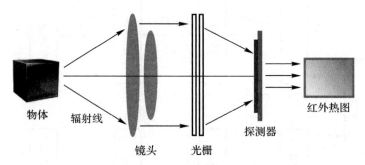

图5-12 热像仪基本构成及工作原理示意图

(二)热像仪的工作原理

来自景物的红外辐射经红外物镜、多角棱镜会聚在探测器上,探测器是个光敏元件,它能将红外线的强弱变成电压信号,经放大器放大后送给发光二极管,该二极管在电压的作用下即产生可见的、增强了的景物图像,然后通过目镜观察,也可以在普通电视屏幕上显示出来进行观察。当然观察到的图像不是人眼所习惯的明暗对比,而是热辐射的差别,如同一张摄影底片,亮的地方表示温度高些,暗的地方表示温度低些。因此,热像仪实际上是目标可见像的一种模拟。

(三)热像仪的特点

热像仪是一种被动装置,不需要主动发射红外线照射目标,也不依靠夜天光,具有隐蔽性好、善于识别伪装和穿透烟雾、作用距离远、全天候观察等特点。此外,热像仪还能揭示人眼看不到的目标的详细情况,例如,可以利用物体温度的滞后性,侦察出几小时前敌人驻过的营地,能测定出敌人烧饭、火炮及卡车的位置,并推测敌人离开的时间,判定敌人有哪些重型装备等。

三、红外制导

许多军事目标,特别是一些运动目标,如飞机、火箭、坦克、军舰等,都有大功率的发动机,这些动力部分是强大的红外辐射源。因此,可以利用这些目标本身的红外辐射引导导弹自动跟踪目标,这种制导方式叫红外寻的制导。红外制导的另一种方式是,利用导弹尾焰进行红外跟踪,测出导弹的飞行误差,指令导弹精确地追踪目标,这种制导方式叫红外指令制导。

(一)红外寻的制导

红外寻的制导是被动式制导,即根据目标的红外辐射(如飞机与火箭的喷管、坦克的发动机、舰船的锅炉及烟囱等的红外辐射)进行工作。在红外寻的制导方面,用的较为成功的是空空导弹(见图 5-13)和地空导弹。其工作原理:目标的红外辐射透过弹头前端的整流罩,由光学系统会聚透射到红外探测器上,把光信号转换成脉冲信号,脉冲信号经信号处理线路放大,成为可控信号,根据可控信号的脉冲形式,导引头能自动计算出导弹偏离目标的方位误差,并发出指令,驱动舵面,控制导弹的飞行方向,把导弹引向目标。

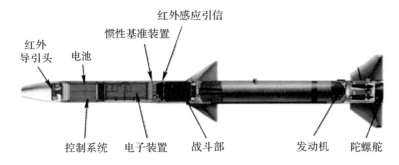

图 5-13 空空导弹

红外制导系统的分辨率高,设备简单,质量小,成本低,由于采用被动探测,无需红外辐射源,所以隐蔽性也较好。红外制导导弹不受恶劣天气和战场环境的影响,白天、黑夜都可以使用,而且有"发射后不用管"的能力,即红外制导导弹发射后,母机驾驶人员可以驾驶母机退出战区,不必再管导弹,由导弹独立地飞向目标,有利于消灭敌人、保全自己。并且,导弹越接近目标,来自目标的红外辐射越强,制导精度就越高,大大提高了"幻影"空对空导弹的命中率。红外寻的导弹具有自动化程度高、使用简便等优点。但红外寻的制导不能分清敌我,混战时容易造成误伤。

(二)红外指令制导

红外指令制导是用光学瞄准和红外跟踪相结合的对战术导弹进行制导的技术。该技术主要用在第二代反坦克导弹上。其工作原理如图 5-14 所示,导弹发射后,射手要将光学瞄准镜的"十"字刻线始终对准目标,与瞄准镜光轴平行的红外测角仪轴线也就对准了目标,此时红外测角仪便自动接收弹尾红外辐射,自动测出导弹与瞄准线之间的角偏差。测角仪电子装置将这个角偏差转换成相应的电信号传给制导电子装置,制导电子装置形成指令,控制指令信号通过遥控导线传输给导弹上的舵机,修正导弹飞行,直至命中目标。

四、红外对抗

红外对抗就是红外侦察和反红外侦察、红外干扰和反红外干扰的斗争。随着红外技术的发展,红外对抗已成为现代作战的重要内容之一。

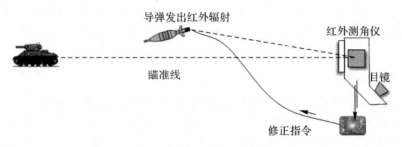

图 5-14 红外指令制导示意图

热像仪能探测到目标必须具备三个条件：一是目标的辐射波长要与热像仪的工作波段匹配，且辐射能量要足够强；二是目标与背景之间的热辐射要有一定的差别；三是目标应有足够的几何尺寸。如果改变目标红外辐射的波段，使其处于热像仪的工作波段范围之外，或者避开大气红外窗口，或者阻拦红外辐射的传播，就可使热像仪"看不见"目标。如果减少目标与背景之间热辐射的差别，或减少目标的热辐射，就可以使热像仪分辨不清目标的热像，或使红外制导武器失去引导源。

红外对抗技术可分为两大类：主动红外对抗和被动红外对抗。被动红外对抗技术一般可分为热遮障、表面处理、主动冷却、系统优化设计等。

用激光可对热像仪进行主动干扰和压制。与背景相比，热像仪的光学系统有很高的反射率，通过激光扫描，可准确地探测到热像仪的位置，再发射激光使其输出信号饱和，甚至造成损伤。采用红外干扰机发射很强的红外辐射，也能直接干扰热像仪的正常工作。

（一）热遮障

热遮障有多种形式，目的都是尽可能地阻碍目标红外辐射的传输，是最常用的一种被动红外对抗方法。

最简单的热遮障是红外伪装网。近年来，隔热泡沫塑料的应用颇受关注。国外研制的一种红外伪装方法，是将1～4 mm厚的廉价泡沫塑料聚苯乙烯和聚氨醋泡沫，喷涂或黏到目标表面，以避免目标的热辐射直接加热空气，使目标的表面温度与周围背景趋于一致，从而降低热像仪的效能。这种材料的隔热效果随塑料的厚度和密度变化。其熔点高，能适应坦克、火炮等高温目标情况下的需要，而且能够按目标的形状涂于各个部位。坦克在行进过程中，履带与主动轮、负重轮、托带轮及路面摩擦产生的热量较大，采用履带裙板也是一种热遮障措施。俄罗斯T-80坦克的排气管采用了混流导向板，提高了发动机盖板的隔热性能，这些措施降低了坦克正面与背景的温差。

红外烟幕是另一种重要的热遮障手段。国外研制出反红外遮蔽烟幕火箭。这种火箭发射到80～120 m的高空后爆炸，产生可持续一段时间的长约183 m、高约122 m的红外烟墙，可遮蔽可见光、红外辐射和雷达波，是一种十分迅速而有效的红外伪装方法。红外烟幕的发展趋势是向多波段遮障能力发展。

（二）主动冷却

主动冷却是采取降温措施来控制目标主要发热源的温度的。例如，发动机是坦克最大的热源，排气口的温度也很高。不加处理的坦克排气口的温度可超过600 K，发动机外壳的温度可达 500～600 K,射击后炮管的温度可高达 673 K,很容易被发现。降低发动机、排气口等部位的温度,对减少目标红外辐射强度十分重要。最直接的方法就是改进发动机本身,或者采取有效的冷却措施。据报道,20 世纪 90 年代初,美国试验了绝热复合柴油机,可以较大幅度地降低坦克的热辐射。对发动机和排气管采取的主动冷冻措施,在燃料中使用添加剂,或在排气管中掺入液体或冷空气,以降低排出废气的温度。

(三)红外隐身涂料

利用目标对红外线的反射差异能发现并识别目标。这不仅在军事侦察上具有重要作用,而且在军事伪装上也有很大意义。例如,在伪装时,不仅要考虑伪装材料与目标颜色的近似感,而且要注意它们反射红外线的能力,使目标与景物的红外反射尽可能一致。

红外隐身涂料用于降低或改变目标表面红外线的发射率,降低目标的综合热辐射特征,或使其与背景相适应,实现对目标在红外波段的伪装和遮蔽。红外隐身涂料既可用于目标表面、伪装网和隔热层上,也可用于目标内部的发热部件上。

具有很高反射率的红外隐身涂料,能反(散)射外部的红外辐射。将其涂敷在目标表面形成漫反射层,入射的红外辐射被漫反射层散射到其他方向上,回到入射方向的能量很小,使目标得到隐蔽。具有很高吸收率的红外隐身涂料,可强烈吸收目标本身的红外辐射能量。具有低发射率的红外隐身涂料是各国发展的重点之一。在坦克表面涂上这类红外隐身涂料,能降低坦克自身的红外辐射,减小与背景的热辐射对比度,将坦克外形轮廓在背景中变模糊。不过红外隐身涂料涂敷的表面,只有在清洁干燥的条件下才能保持低发射率,一旦被泥土灰尘或水分覆盖就失去了作用。

低发射率红外隐身涂料的使用提高了目标表面对红外线的反射率,而抑制目标的可见光和射频特征要求降低反射率,二者是相互矛盾的。由此可见,单一的红外隐身涂料无法完全满足目标多光谱特征控制的需要。组合不同特性的隐身涂料,可构成可见光、红外波段和雷达波的迷彩图形,实现对目标的伪装。隐身涂料的发展方向是研制可随背景实时自适应变化的多光谱隐身涂料。

(四)红外干扰机

红外干扰机是有源红外对抗装备,常将其分为欺骗式和压制式两类。

欺骗式红外干扰机发射与被保护对象红外特征相似的调制红外辐射,使敌红外跟踪和制导装备产生错误信号而不能正常工作,达到"抗御敌人,保护自己"的目的。其辐射能量一般较低。

压制式红外干扰机发射较强的红外辐射能,使敌红外传感器饱和或工作于非线性区,因而不能生成正确的目标信号,甚至损毁敌方红外传感器。

目前,红外干扰机的主要作战对象是红外制导导弹,其特点如下。

(1)与载体具有相同的运动规律,使敌传感器难分"真""假",不能以运动轨迹为准将其剔除。

(2)能长时间连续作战。

(3)可同时干扰多个目标。

(五)红外诱饵技术

红外诱饵是一次性使用的光电有源干扰器材。它产生与被保护体波长(波段)相同(或相近),但强度更高的红外辐射,诱骗敌方红外跟踪和制导武器。

红外诱饵已广泛用于战斗机、轰炸机、武装直升机及军舰等多种作战平台,现又发展到用于掩护重要军事设施(如导弹发射场、战区指挥中心等)。

按照产生红外辐射的材料,红外诱饵可划分为以下几类。

1. 烟火剂类红外辐射源

它是利用物质燃烧时的化学反应产生大量烟云并辐射红外能量的装置,通过合理设计,可获得所需要的连续红外光谱。早期的红外诱饵弹所使用的烟火剂由硝酸钠、镁粉、酚醛类树脂及环烷酸金属盐等组成。现装备的红外诱饵弹的烟火剂一部分是由镁粉、硝化棉及聚四氟乙烯等材料组成。

2. 凝固油类红外辐射源

它是一种由凝固油料燃烧产生 CO、CO_2 及 H_2O 等物质,并辐射红外能量的装置。这类辐射源的光谱特性与飞机发动机工作所产生的红外光谱相近,因此具有较好的目标模拟性。

3. 红外气球诱饵

它是一种在特制气球内充以高温气体作为红外辐射源的诱饵,可在空中停留较长时间,一般系留在载体上,随载体一起运动,这样可以较长时间起干扰作用,但会影响载体的动力学性质。

4. 综合诱饵

如用金属箔条的一面涂以无烟火箭推进剂为引燃药,以此燃烧作为红外辐射源。投放大量此种箔条在空中形成"热云",既可诱骗红外制导导弹,也可构成射频雷达的假目标或陷阱。

第四节 激光技术

激光是物质在外界激励下再受激辐射的具有确定频率的光。激光是一种新型光源。它和普通光源不同,普通光源的发光是以自发辐射为主,各个发光中心发出的光波无论传播方向、相位或振动方向都各不相同。激光的光发射则以受激辐射为主,各个发光中心发出的光波都具有相同的频率、方向、偏振态和严格的相位关系。激光主要是光与原子系统相互作用而产生的,它具有普通光所无法比拟的某些独特性质。激光技术主要研究激光的产生、变换、传输、探测及其与物质的相互作用等内容,而军用激光技术则特指其在军事及与军事密切相关领域内的应用。

激光具有高方向性、高亮度、单色性和相干性好等特点。

1. 高方向性

普通光源发出的光是向四面八方传播的,而激光器则不同,它只向一定方向发光,产生的光几乎是一束平行而准直的细线,其发散角极小。例如:半导体(砷化镓)激光器的光束发散角为 $1.5°$;二氧化碳激光器的光束发散角为 $0.1°$;氦氖激光器的光束发散角为 $0.05°$ 左右;最好的激光器的光束发散角仅为零点几毫弧度。一般一束激光在 1 km 之外的光斑直径只有几厘米,甚至几毫米。激光发射到月球,虽有 $3.85×10^5$ km,光斑的直径却只有 1~2 km,而用最好的探照灯照射到月球,光斑直径却有 $4×10^4$ km。

2. 高亮度

激光之所以有如此高的亮度,除它产生的原理与其他光不同以及发光方向一致外,再就是激光器可集聚起极大的能量,使其在极短的时间内发射。采用特殊技术,先使激光器积累能量,然后突然在极短时间内发光,可把 1 s 内发射的光能量,集中在 $1×10^{-6}$ s,甚至集中在 $1×10^{-9}$ s 的瞬间内发出,使发光功率大大增加,产生几百万摄氏度的高温,同时产生几百万个大气压。在这样的高温、高压下,任何难熔的材料顷刻间都会变成一缕青烟。试验证明,只用中等强度(几万至上百万瓦)的激光,就可以对金刚石、宝石、陶瓷进行打孔,对各种金属材料、晶体、纸张、布毛料、厚石英、有机玻璃等进行切割、焊接。要是把高强度(几万千瓦至上百万千瓦)的激光束会聚起来,将能击穿、烧毁世界上现有的任何武器。激光武器、激光热核聚变正是利用了激光高亮度这一特点。

3. 单色性

单色性是衡量光源发光纯度的一种标志。某种光波长范围越小,即谱线宽度越窄,单色性就越好。白光的波长范围为 330~760 nm,由各种颜色的光组成,各色的光混杂在一起,因此纯度很低。即使是单色光,其波长仍有一个较宽的范围,颜色也不是纯红或纯绿色,因此单色光纯度也不高。在激光出现以前,单色性最好的光源是同位素氪-86 灯,它的谱线宽度约为 $5×10^{-4}$ nm,而氦氖激光器所产生的激光谱线宽度小于 $1×10^{-8}$ nm,因此,它的单色性比氪灯提高了十万倍。激光很好的单色性为精密测量技术提供了优越的条件。

4. 相干性

相干性是表示光波在频率和振动方向上一致性的物理特性。两列光波在某区域相遇时,形成明暗相间的条纹,这种现象叫作光的干涉。两列光波要能产生干涉现象,必须具备三个条件,那就是两列光频率相同、振动方向一致且有确定的相位差,满足了这三个条件的光称作相干光。普通光源发出的光在频率、振动方向及相位上是各不相关和毫无规律的。因此,普通光源是非相干光源,或是相干性很差的光源。而激光则不同,由于受激辐射,它发出的光在频率、振动及传播方向、相位上是非常一致的。因此,激光是很好的相干光。

一、激光测距

无论是发射枪弹、炮弹还是导弹,射手都希望能快速、精确地测定目标。然而常规的光学测距机从操作方法、测量精度、测量范围等方面来看,都不能适应高技术兵器的发展。后来居上的激光测距机在一定条件下,有取代光学测距机的趋势。

激光测距是激光技术最早、最成熟的应用之一。目前,激光测距仪器主要采用脉冲测距技术。脉冲激光的方向性好,能量在空间相对集中的基础上,使能量输出在时间上也相对集中。激光脉冲持续时间短、瞬时功率大、传播距离远。图 5-15 所示为脉冲激光测距原理图。

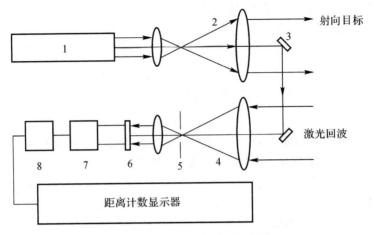

图 5-15　脉冲激光测距原理图
1—激光器；2—发射望远镜；3—取样器；4—接收望远镜；
5—视场光阑；6—滤光片；7—光电转换元件；8—放大器

激光测距机通常由发射装置、接收装置、计数器、显示器、瞄准镜、电源、方向测角机构、高低测角机构和支架组成。

测距时，激光器发出激光脉冲，经发射望远镜射向目标，与此同时，取样器从光脉冲中取出一小部分光信号作为测量光脉冲离开测站的时间起始信号，让计时器开始工作。由目标反射回来的光脉冲信号经接收望远镜、光电转换元件进入计时器，作为测量光脉冲返回测站的信号，亦即测量时间的终止信号，根据测得的时间由计算器解算出相应的待测距离，或以数字形式显示出来，或以电信号形式输入其他装置。

脉冲激光测距具有作用距离远，测距准确、快速，抗干扰性能强，测距机体积小，操作简便等优点。其不足之处是易受雾、雨、雪、云、烟等自然现象的影响，在大雨、大雪、浓雾、浓烟等条件下，作用距离降低，甚至测距精度的可靠性没有保证。

军用激光测距机可以安装在地炮、高炮、坦克、飞机、军舰上，其主要用途是快速测定目标距离或位置，为指挥人员或射击人员提供目标信息，或者直接将目标信息送入火控计算机，成为侦察、测量、控制一体化系统的重要组成部分，也可用于测量炸点偏差、校正火炮、迫击炮射击和用于自我定位。

二、激光雷达

激光雷达是现代激光技术与传统雷达技术相结合的产物，它像传统的微波雷达一样，由雷达向目标发射波束，然后接收目标反射回来的信号，并将其与发射信号对比，获得目标的距离、速度以及姿态等参数，但是它又不同于传统的微波雷达，它发射的不是微波束，而是激光束，使激光雷达具有不同于普通微波雷达的特点。

根据激光器的不同，激光雷达可工作在红外光谱、可见光谱和紫外光谱的波段上。相对工作在米波至毫米波波段的微波雷达而言，激光雷达的工作波长短，是微波雷达的万分之一到千分之一。根据光学仪器的分辨率与波长成反比的原理，利用激光雷达可以获得极高的角分辨率和距离分辨率，通常角分辨率不低于 0.1 mrad，距离分辨率可达 0.1 m，利用多普勒效应可以获得 10 m/s 以内的速度分辨率。这些指标是一般微波雷达难以达到的,因此激光雷达可获得比微波雷达清晰得多的目标图像。

激光束的方向性好、能量集中,在 20 km 外,其光束也只有茶杯口大小,因而敌方难以截获,而且激光束的抗电磁干扰能力强,难以受到敌方有源干扰的影响。由于各种地物回波影响,在低空存在微波雷达无法探测的盲区。而对于激光雷达,只有被激光照射的目标才能产生反射,不存在低空地物回波的影响,因此激光雷达的低空探测性能好。激光雷达体积小、质量小,有的整套激光雷达系统的质量仅几十千克。例如,为了适应海军陆战队的需要,美国桑迪亚国家实验室和伯恩斯公司都提出了手持激光雷达的设计方案。相对重达数吨乃至数十吨的微波雷达而言,激光雷达的机动性能显然要好得多。

(一)用于战场侦察的激光雷达

普通的成像技术(如电视摄像、航空摄影及红外成像等)获得的场景图像都是反映被摄区域辐射强度几何分布的图像,而激光雷达可以通过采集方位角-俯冲角-距离-速度-强度等三维数据,再将这些数据以图像的形式显示出来,从而可产生极高分辨率的辐射强度几何图像、距离图像、速度图像等,因而它提供了普通成像技术所不能提供的信息。例如,美国桑迪亚国家实验室研制的一种激光雷达,激光器功率为 120 MW,显示屏幕的分辨率为 64 像素×64 像素,视场内物体的图像可显示在屏幕上,每秒钟更新 4 次,并用不同颜色和灰度显示物体的相对距离。这种激光雷达能对运动的装甲车辆产生实时图像,图像分辨率足以识别车辆型号。美国雷西昂公司研制的 ILR100 型砷化镓激光雷达,可安装在高性能飞机和无人机上,当飞机在 120~460 m 高空飞行时,获得的影像可实时显示在驾驶舱内的显示器上,或通过数据链路发送到地面站。

(二)用于大气探测的激光雷达

现代战场的侦察不能局限于人、兵器和建筑物的测量,因为天气环境对战场也很重要,例如风力、风向、温度等都会对导弹、飞机等产生影响,尤其是核化生武器的使用更会污染战场环境。利用激光雷达则可以进行某些微波雷达所不能完成的侦测工作,其主要原理:通过射向大气中的激光与大气中的气溶胶(如烟尘、粉末等)及大气分子的作用,产生散射,探测器接收散射波并经分析、处理,可以检测大气的湿、温、风、压等基本参数,探测紊流,实时测量风扬起乃至大气中的生物战剂。

为了测得某一物理量,可根据相关物理学原理采用某一类型的激光雷达。例如,由物理学原理可知,对于同一波长的照射光,粒子直径不同,散射情况也不同。当大气中气溶胶粒子直径与照射的激光波长为同一数量级时,可以得到较强的散射信号。根据激光雷达接收到的散射信号的强度可以分析低空大气乃至同温层中气溶胶粒子的直径及密度,并可由此推得大气的能见度,以至对云团、黄沙等进行分析。又例如,物理学知识告诉我们,大气分子在光作用下会发生极化,极化率的大小与分子的热运动(即大气温度)有关,同时极化率的不同又引起媒质折射率的不同,使大气中光学均匀性受到破坏,从而发生光的拉曼散射。因此,温度不同,拉曼散射情况不同,由拉曼散射雷达可以分析大气温度。还例如,由于物体与雷达之间有相对运动时会产生多普勒频移现象,所以,根据发射后接收的回波频率相对于发射波频率改变的大小,可由多普勒雷达确定风速的大小。再如,若将激光雷达技术与光谱分析技术相结合,可进行战场化学毒剂的侦测,因为每种化学毒剂分子都具有特定的吸收光谱。利用差分吸收激光雷达交替发出不同波长的光,根据接收到的各种不同波长光的散射信号强度,通过对比、分析某一波长的光波在大气中的衰减情况,就可确定大气中是否含有吸收这一波长的毒剂以及相应的浓度。其实在测得某一物理量的同时,有时也可推得其他物理量。

目前,激光雷达能测得的水平风速精度小于 1 m/s,水平风向精度小于 5°。据称,美国将激光雷达装置在 C-141 飞机上,使空投精度提高 2 倍以上。B-2 隐身轰炸机利用机上的激光雷达来探测机尾是否出现凝结尾流,以便向驾驶员发出报警信号。俄罗斯研制成功的一种远距离地面激光毒气报警系统,可以实时地远距离探测化学毒剂,确定毒剂气溶胶云的斜距、中心厚度、离地面高度等相关参数,并通过无线电向己方部队发出报警信号。德国研制的一种连续波 CO_2 激光器,能发出 40 个不同频率的激光波,根据吸收光谱学的原理可探测和识别 9~11 μm 波段光谱能量的化学战剂。

(三)用于跟踪及火控的激光雷达

自 20 世纪 70 年代末,激光雷达开始用于坦克、火炮、舰艇和飞机的火控系统,尤其是激光自动跟踪雷达,以其精确测距、精确测速、精确跟踪的优点,获得军事家们的青睐。

以一种简单的采用四棱锥的脉冲激光跟踪雷达为例来简述激光跟踪的原理。如图 5-16 所示,雷达有一个尖端削平的四棱锥,形成一个中心面和四个对称侧面的四棱台,棱锥的中心轴线与激光雷达中的接收望远镜的光轴重合,并且中心面垂直于光轴。如果目标位于正前方的望远镜光轴上,从目标反射的回波光束正好在棱锥的中心平面上,于是传至探测系统,此时四个侧面感受不到回波光束。但是当运动目标不再在正前方而偏离光轴时,回波光束则偏射到棱锥相应的某一侧面,并反射到图中标有 1、2、3、4 的某一个对应的光电探测器上,由此产生误差信号输出。光电探测器产生的不同的误差信号进入自动跟踪控制器,就产生一个方位差值,指令望远镜光轴重新对准目标,这就实现了自动跟踪。由自动跟踪控制器产生的信号通过电子设备的迅速处理,还可以启用火控系统。

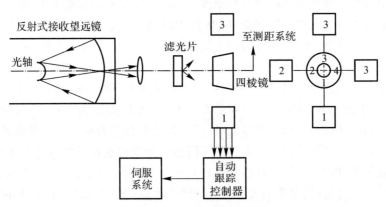

图 5-16 脉冲激光跟踪雷达原理示意图

根据不同的需要可以有精度更高的不同类型的激光跟踪雷达。例如,美国白沙导弹靶场的 CO_2 激光雷达系统,能同时进行成像和距离的跟踪测量,可在大角度范围内以高跟踪修正速率跟踪单个目标,也可在多个目标之间重新确定目标。美国空军在毛伊岛空间监视站利用特克斯特朗公司制造的激光雷达进行了试验,不仅探测到距离达 24 km 的直升机,而且确定了直升机旋翼桨叶的数目和长度、旋翼的间距和转速。一些发达国家已制订了利用激光雷达对轨道上的卫星进行高精度位置和速度跟踪,并提供空间飞行器的尺寸、形状和方位信息的研究计划。例如,美国"火池"激光雷达采用 1.2 m 直径的巨型发/收望远镜,使用平均发射功率为千瓦级的连续波 CO_2 气体激光器,工作波长为 10.6 μm,采用外差探测方式,作用距离为 1 000 km,跟踪精度达到 1 μrad。在一次试验中,"火池"获得了从 800 km 外发射的亚轨道探测火箭和充气的再入飞行器诱饵的靶场多普勒图像。

但从目前情况看,若利用地面激光雷达进行空间监视,即对卫星进行精密跟踪、测量或用于洲际弹道导弹防御,由于目标识别距离在 1 000 km 以上,所以激光雷达系统庞大复杂、造价昂贵。因此,人们正探讨利用激光雷达与被动红外系统相结合的方法进行弹道的估算工作。

(四)用于水下探测的激光雷达

人们过去认为高频电磁波不能穿透海水,所以声呐是传统的水中目标探测装置,根据声波的反射和接收对目标进行搜索、定位、测速,但声呐体积大,质量一般在 600 kg 以上,有的甚至重达数十吨。经过长期研究,人们发现波长为 0.46～0.53 μm 的蓝绿激光能穿透几百到几千米的海水。1981 年,美国在圣地亚哥附近海域 12 km 高度的水面上空与水下 300 m 深处的潜艇间成功地进行了蓝绿激光通信试验,这不仅打开了水上与水下联络的激光通道,也使激光的水下探测成为现实。

利用激光雷达探测水中目标,是利用激光器发射大功率窄脉冲蓝绿激光,并接收反射的回波来探测水下目标的方位、速度等参数,既简便,精度又高。它具有足够的空间分辨率来分辨目标的尺寸和形状。例如,美国卡曼航空航天公司研制的用于探测水雷的"魔灯"激光雷达,能迅速探测水中目标,并自动实施目标分类和定位。1991 年海湾战争期间,"魔灯"激光雷达机被部署到海湾地区,成功地发现了水雷和水雷锚链。目前"魔灯"激光雷达已装备在海军航空兵的直升机上。美国诺斯罗普公司研制的机载水雷探测系统具有自动、实时检测功能和三维定位能力,定位分辨率高,可以 24 h 工作。瑞典也研制了"手电筒"机载激光雷达,继而还研制了"鹰眼"激光雷达。从目前研制的情况看,机载水下成像激光雷达由于激光脉冲覆盖面积大,其搜索效率远远高于非成像激光雷达,而且可以显示水下目标的形状和特征,便于识别目标。因此,水下成像激光雷达更受到军事家们的重视,还被用作军事领域的海洋测绘工具。

(五)用于其他方面的激光雷达

激光雷达还可广泛地应用于武器鉴定、指挥引导、障碍回避等许多方面。例如,在导弹发射初始段和当目标低飞时,由于仰角太小,所以一般的微波雷达不易探测,而用普通的光学测量设备又不能实时输出数据,即使给出,数据精度也不够,因此,仅利用微波雷达不易进行弹丸的全程鉴定。激光雷达能在一定程度上弥补这方面的不足,可用于导弹发射初始段和低飞目标的测量、目标姿态的测定、再入目标的测量与识别。美国研制的靶场测量激光雷达(PATS)曾成功地跟踪了 70 mm 火箭弹和 105 mm 炮弹的飞行全过程。据称,利用 910

台 PATS"接力"测量巡航导弹运行的全过程,测量精度可达 10 cm,测角精度可达 0.02 mrad,作用距离为 100～4 000 m。

直升机或其他低慢小飞行器在进行低空巡逻飞行时极易与地面小山或建筑物相撞。美、德、法等国研制了用于地面障碍物回避的激光雷达。例如,美国研制的直升机超低空飞行障碍系统,使用固体激光二极管发射机和旋转全息扫描器,可将直升机前方的地面障碍物信息实时显示在机载平视显示器和头盔显示器上,以保障安全飞行。德国研制了一种固体 1.54 μm 成像激光雷达,视场为 32°×32°,装在直升机上能探测 300～500 m 距离内直径为 1 cm 的电线。英、法联合研制的"克莱拉"激光雷达是一种吊舱载的采用 CO_2 激光器的雷达,安装在飞机和直升机上不仅能探测标杆和电缆之类的障碍,还具有地形跟踪、目标测距和指示活动目标等功能。

三、激光通信

激光通信与电磁波通信在原理、通信过程方面都是类似的,所不同的是信息载体是激光而不是电波。

激光通信首先由激光器产生稳定的激光光束,电信发送设备把话音信号变为适于激光通信的电信号,把这个电信号加到光调制器上,其结果就是通过光调制器的光束成为随着话音变化的光信号,光信号从发射端送到接收端后,光接收机通过光电接收器件把光信号变为电信号,电信号再经过电信接收设备还原成原来的话音信号。

光信号从发端送到接收端,与微波通信一样,分为无线和有线两种方式。无线的叫作大气激光通信,有线的叫作光学纤维激光通信。

(一)大气激光通信

大气激光通信就是把发送的光信号经过大气空间传送到接收端。这种方法不需敷设线路,经济简单,除具有无线电微波通信的优点外,还具有良好的保密性能。小型便携式大气激光通信机现已成为边防、岛屿和哨所的保密通信手段之一。

大气激光通信也存在许多问题,不能在全天候使用。而且,激光通过稠密的大气层时,受到大气的吸收、散射等影响,能量损耗很大,通信距离受到限制。由于光的波长很短,难以绕过障碍物,地形地物对大气激光通信有较大的影响,所以,这种通信方式使用范围有限,对于近距离的机动、保密专线通信有一定的实用价值。

(二)光纤激光通信

光学纤维激光通信是利用激光在光导纤维中传输信息的一种通信方式。它具有信息量大、节省有色金属、抗干扰和保密性强等优点,应用于多路通信、电视和高速数据传输等方面。

四、激光制导

对武器精确制导的方式很多,利用激光对航空炸弹、炮弹、导弹等进行精确制导是继红外、雷达、电视制导之后迅速发展起来的一种制导方式。它可以弥补红外、雷达、电视制导的不足之处。因此,激光制导在精确制导系统中越来越占据重要地位。

(一)激光制导原理

激光制导主要有半主动式寻的制导和驾束式指令制导两种方式。

半主动式制导系统由两个主要部分组成。一是激光照射器,它可以置于地面,也可以装在舰上或飞机上。其主要任务就是精确地把激光束射到所要攻击的目标上,为导弹(炸弹、炮弹)指示目标。另一个是弹上的制导系统,它能接收目标反射的激光信号,按激光信号自动修正飞行轨道,从而准确地命中目标。图5-17为半主动式激光制导示意图。

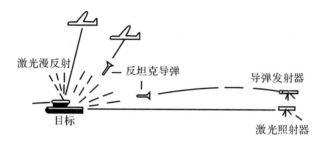

图 5-17　半主动式激光制导示意图

驾束式激光制导也叫波束式激光制导。这种制导方式也需要激光照射器始终照射目标,然后使导弹沿激光束前进,直至命中目标,如图5-18所示。与半主动式制导不同的是,驾束式激光制导中的激光信号接收部件安装在弹体的尾部,直接接收激光目标照射器的激光信号,而不是接收由目标反射回来的信号。

图 5-18　驾束式激光制导示意图

(二)激光制导武器

1.激光制导炸弹

在所有激光制导武器中,最先应用于战场的就是激光制导炸弹。苏、美军都有多种型号的装备。激光制导炸弹主要由激光导引头、控制舱、普通航空炸弹弹体和弹翼等几个部分组成。激光导引头实际是一部激光接收器,用以接收目标反射回来的激光信号。控制舱内装有带小型计算机的自动控制系统和舵机等,以控制弹体飞行。制导方式一般为半主动式制导。

2.激光制导炮弹

激光制导炮弹主要由导引头、电子控制器、战斗部和弹翼等几部分组成,不过它的弹翼是可以伸缩的。它像普通炮弹一样,能用大口径火炮发射,发射后弹翼再张开,以保证稳定飞行。激光制导炮弹具有 1~2 发弹即可毁坏一辆坦克的能力,对付远距离上活动目标特别有效。有代表性的是美军现装配于 155 mm 自行榴弹炮的"铜斑蛇"激光制导炮弹,射程为 16~24 km,圆公算偏差为 0.3~0.9 m。该激光制导炮弹比常规炮弹精度提高 20 倍左右,制导方式为半主动式制导。

3. 激光制导导弹

导弹是精确制导武器中发展最广泛的武器,制导方式多种多样。由于激光制导具有命中精度高、不受背景光(阳光或其他杂乱闪光)及电子干扰、操作简单等特点,所以激光制导导弹发展很快。激光用于对反坦克导弹的制导,采用半主动制导和波束式制导两种方式,属于第三代反坦克导弹。美国的"海尔法"、法国的"阿拉克"型属于这一类反坦克导弹。

激光用于地对空导弹的制导,比较典型的是瑞典的 RBB-70 携带式近程防空导弹系统,采用波束制导方式,而且波束可以变化。发射时,激光制导波束的波瓣最大,导弹很容易进入波束中。在导弹飞行过程中,波束宽度逐渐缩小,以实现对导弹的精确制导。该弹使用方便,准备时间只有 15~30 s,从探测到瞄准目标只需 5 s。射手的操作只要始终用"十"字瞄准线对准目标即可。

五、激光武器

激光武器是以产生强激光束的激光器为核心,加上瞄准跟踪系统和光束控制系统与发送系统组成的高技术武器。它可利用激光的能量直接摧毁对方目标或使对方的部队丧失战斗能力。

(一)激光武器的分类

激光武器有多种分类方法:按发射激光能量的不同,分为低能激光武器和高能激光武器;按激光器种类的不同,分为固体、气体、化学、准分子、自由电子和射线激光武器;按激光输出方式的不同,分为连续式激光武器和脉冲式激光武器;按装载位置或运载工具的不同,分为陆基、车载、舰载、机载、星载激光武器;按用途的不同,分为战略激光武器和战术激光武器。

激光武器主要由激光器、精密瞄准跟踪系统和光束控制与发射系统组成。激光器是激光武器的核心,用于产生高能激光束。精密瞄准跟踪系统用来捕获、跟踪目标,引导激光束瞄准射击,并判定毁伤效果。光束控制与发射系统的作用是将激光器产生的激光束定向发射出去,并通过自适应补偿矫正或消除大气效应对激光束的影响,以保证将高质量的激光束聚焦到目标上,达到最佳的破坏效果。

(二)激光武器的优点

1. 速度快,命中率高

激光武器所发射的是以光速飞行的"光弹"——激光束,比普通枪弹的速度快 4×10^5 倍,比导弹的速度还快 1×10^5 倍。显然,在地面和近空,不论目标距离多远,均可认为光束的飞行时间为零,从而,射击时不必计算提前量。一旦发现目标,能立即作出反应,无需进行弹道计算,指哪打哪,命中率极高。

2. 强度高

据估算,一个千亿瓦的激光器,在千分之一秒内发射的功率,相当于全世界所有发电站发电功率的总和。激光辐射强度高、聚焦能力好,能产生几百万度高温和几百万个大气压,能穿透和熔化各种坚固金属和非金属材料。

3. 无惯性

由于光束基本没有质量,所以激光武器不会产生后坐力,是一种无惯性武器。它可以随时改变射击方向,任意攻击各种目标,武器本身射击精度高,转换时间快,使用方便、灵活。

4. 效费比高

激光武器的成本确实比高炮和导弹的成本高,但其硬件可重复使用。激光武器的发射成本较低,激光武器命中率高,又有多功能毁伤效应,因此,从作战使用角度看,激光武器具有较高的效费比。

5. 抗电磁干扰能力强

激光传输不受外界电磁波的干扰,因而敌方目标难以利用电磁干扰手段避开激光武器的攻击。

6. 无污染

激光武器属于非核杀伤,不像核武器那样,除有冲击波、热辐射等严重破坏外,还存在着长期的放射性污染,造成大规模的污染地域。激光武器无论对地面还是空间都无放射性污染。

(三)激光武器的缺点

(1)激光武器在大气中使用时,大气对激光能量有严重的衰减作用,其射程和威力会受到影响,而且云、雾、雨、硝烟等更是激光难以逾越的障碍,因而不能全天候作战。

(2)激光武器照射在目标上的光斑要有一定的稳定时间才能破坏目标,因此激光武器对瞄准、跟踪系统要求很高。

(3)热晕和气体击穿会造成光能严重损耗,可阻挡激光的传播。热晕是激光束周围的大气吸收激光能量后,其内外层温度不同而引起光束扩散的现象;气体击穿是由于激光束周围的大气吸收激光能量后中性气体被电离的现象。

(4)激光只能直线传播,不能绕过障碍物,因此用激光武器攻击目标时必须要求"通视"。

(5)高能激光武器系统设备庞大,能量消耗巨大。

(四)激光武器的作用机理

当不同功率密度、不同输出波形、不同波长的激光与不同的目标材料相互作用时,会产生不同的杀伤破坏效应。概括起来,激光武器的杀伤破坏效应主要有以下三种。

1. 烧蚀效应

激光照射目标后,部分能量被目标吸收转化为热能,使目标表面气化,蒸气高速向外膨胀,同时可将一部分液滴甚至固态颗粒带出,从而使目标表面形成凹坑或穿孔,这是对目标的基本破坏形式。如果激光参数选择合适,还有可能使目标深部温度高于表面温度,这时内部的过热材料由于高温产生高压,从而发生爆炸,使穿孔的效率更高。

2. 激波效应

由于目标的表面材料急剧气化,蒸气高速向外膨胀,在极短的时间内给目标以强大的反冲作用,相当于脉冲载荷作用到目标表面,于是在目标中形成激波。激波传播到目标的后表面,产生反射后,可能将目标材料拉断而发生层裂破坏,裂片飞出时有一定的动能,因此也有一定的杀伤破坏能力。

3. 辐射效应

激光武器攻击目标时,目标表面材料气化,还会形成等离子体云。等离子体一方面对激光起屏蔽作用,另一方面又能辐射紫外线甚至射线。试验发现,辐射效应对目标内部的电子、光学元件的损伤比激光直接照射所引起的破坏更有效。

(五)激光武器的防护方法

随着激光装备(如激光测距机、激光雷达、激光干扰致盲武器等)在战场上的使用,各国都注重研究激光防护和对抗措施。例如设置激光告警装置,采用规避战术,喷洒烟雾使激光不能发挥作用,对己方光电设备进行抗激光加固,利用激光滤光片和护目镜保护人眼和光电器材不被激光武器的激光束损伤。从物理原理来看,目前研制的激光滤光片种类有吸收式滤光片、反射式滤光片、复合式滤光片、全息滤光片、光开关式滤光片等。但是防护镜的使用也会降低视觉灵敏度和颜色对比度。由此可见,激光在战场上的出现,又将使军事科学家们付出很大的代价,从物理学原理上来研究更好的对抗激光武器。

六、激光侦听

激光侦听基本原理是将一束激光打在侦听目标周围容易受声压作用产生振动的物体上,然后在其光束反射的方向上接收振动信号,并对信号进行解调达到声音还原。这种侦听方式作用距离较长,不易受干扰,最重要的一个特点是无需在侦听目标周围安装任何设备。由于激光侦听具有高隐蔽性和便携性的优点,所以其受到特别关注。

激光侦听技术包含以下几种侦测方法:光反射调制测量技术、散斑图像测量技术和激光相干振动测量技术。采用振动测量中目标回光角度随目标表面振动产生的位置变化来实现振动测量,被称为光反射调制测量技术,图 5-19 为光反射调制测量技术测量原理图。

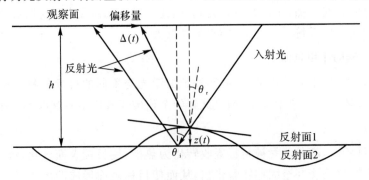

图 5-19 光反射调制测量技术测量原理图

图 5-19 中,反射面 1、2 分别表示未产生与产生振动平面,根据反射定律,反射光会因物体振动产生一定的偏移量,测量偏移量就可以间接得到物体振动幅度和频率。

光反射调制测量技术原理简单、系统容易搭建、研制成本较低。然而该技术测量精度易受反射表面特性影响,尤其不适合漫反射目标的振动探测。散斑图像测量技术原理图如图 5-20 所示。

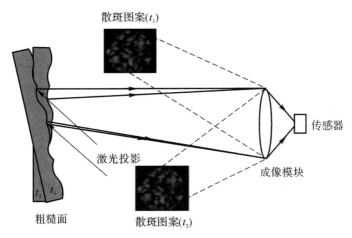

图 5-20 散斑图像测量技术原理图

运动目标粗糙表面会使成像面产生散斑图样,散斑图像测量技术借助散斑图样的相对运动实现对目标运动的测量。通过实时追踪振动下的光斑变化的时域轨迹重构目标的振动曲线。目前该方法受限于测量精度,并仍处于研究阶段,测量方法不成熟,尚不具备实际应用条件。上述两种方法,均为激光直接测量方式,测量信号易受材料、自然环境等客观因素影响,同时受测量原理所限,直接测量方式的测量分辨率与精度不高。

激光相干振动测量技术因其外差探测方式保障了测量回波信号优良质量,频率调制信息在传输过程中较为稳定、不易损失。激光相干测振技术的灵敏度相比于另两种方法高 7~8 个数量级,适用于测量大多数漫反射运动目标。

激光相干振动测量技术以多普勒效应在激光光频中引入的频移为核心,通过观测目标相对仪器的位置变化实现振动测量。具体来讲,经运动目标反射后的光波观测频率会发生相应复杂变化,运用合适的解调手段就可以实现对光波频率变化进行探测。激光多普勒效应原理示意图如图 5-21 所示。

零差干涉主要以分振幅法将发射激光分为测量光与参考光,通过探测光程差变化来观测自然环境的物理量。全光纤结构光路调整较为简易,便于随身携带,光纤器件较于光学透镜对测量引入的非线性误差程度低,同时保偏光纤保障了光束传播过程中偏振态、相位等信息。

然而,在使用过程中发现以下问题:一是发射机与接收机分开,容易暴露侦听行为,还会对侦听位置的选择造成很大的不便;二是对发射机与接收机瞄准目标的要求比较高,直接将激光耦合进接收机难度较大,而且对准后只要目标发生微小扰动,接收方就会受到影响,必须重新瞄准;三是使用的是不可见光源,给瞄准也增加了难度;四是在起风的时候,由于风的作用会使玻璃产生轻微的振动,这样激光就不仅仅只是受到声音的调制,还包括了由于风而带来的振动,这样在侦听到的声音中必然会引入比较大的噪声;五是侦听目标房间内的其他振动,例如关门,以及周围环境中,汽车或者飞机等因振动而带来的噪声也是必须考虑的。

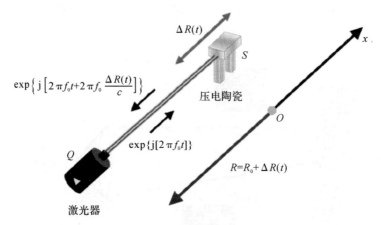

图 5-21　激光多普勒效应原理示意图

利用"猫眼"效应进行侦听,可在侦听目标地找可发生"猫眼"效应的物体,或者装一个小型的"猫眼",进行半有源侦听。"猫眼"效应的关键之处就在于目标回波强度远远大于其他类型目标的漫反射强度,通过"猫眼"效应可以得到高质量的回射光。

"猫眼"效应在侦听中的作用有两个。第一个是对侦听目标进行快速发现和准确定位,如图 5-22 所示,由于系统具有圆对称性,A 光线经光学系统后将聚焦于焦平面上一点,然后被焦平面反射后沿 A′返回。同理,B 光线最后将沿 B′返回。这种能使反射光按入射方向返回的光路被称为"猫眼"反射光路,从发射光处可以探测到强反射光。利用此原理,可以向目标发射激光束,当探测到光学返回率比普通目标高时,就可以断定此时激光正好对准目标。

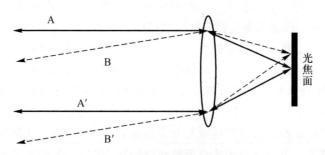

图 5-22　"猫眼"效应光路示意图

第二个作用是利用其较高强度的回光信号实现侦听。目前,制约激光侦听技术发展的原因在于反射光即信号光波太弱,淹没于背景噪声之中,不利于信号的提取与检测。而利用"猫眼"效应则可以获得较强的信号光,理论分析表明,"猫眼"目标反射光的强度是普通物体漫反射的 100～10 000 倍。这样,信号的提取、解调、音频输出等工作就会简单很多。

但是激光侦听受天气环境影响较大,与侦听目标周围反射面性能也有较大关系,进行更远距离作业时系统比较复杂,这些都是激光侦听技术进一步研究和改进的方向。同时,随着侦听和反侦听互相的发展和遏制,目前已有防止激光侦听的设备产生,而激光侦听也开始将反射目标向室内物体发展,正所谓"道高一尺,魔高一丈",激光侦听在遏制与反遏制中可以得到不断发展。

思 考 题

1. 假定用眼睛直接观察敌坦克时,最远可在 400 m 的距离上看清坦克编号,如果要求在 2 000 m 也能看清,应使用几倍的望远镜?
2. 微光夜视仪的基本工作原理是什么?像增强器与变像管的作用有何不同?
3. 微光夜视仪发展至今已有哪几代产品?基于它们不同的物理特性,各有哪些优缺点?
4. 激光的发光机理是什么?与普通光有什么不同?
5. 相对于普通光,激光具有哪些优异的物理特性和缺陷?
6. 激光测距的物理原理是什么?
7. 激光测距有什么优点?
8. 激光制导有哪几种方式?
9. 各种激光制导方式有些什么特点?
10. 如何对付对方的激光制导武器?
11. 激光雷达有些什么特点?
12. 激光武器的杀伤机理是什么?
13. 激光武器有哪些特点?
14. 战术激光武器是如何起干扰和致盲作用的?
15. 对抗激光武器的措施有哪些?

第六章 光学前沿

随着现代光学前沿领域的不断突破,多光谱成像、全息成像飞速发展,光纤技术、紫外光学、微波光子、量子光学都从实验室走向工厂、走向部队。这些技术如果在军事上大力应用,将会大大提高成像分辨率、制导精度以及通信效率。

第一节 多光谱技术

如果把电磁波分成几个窄的谱段,用几个成像装置各接收一个窄谱带的信息,得到同一地区的几个谱段图像,可更真实地反映物体的特性,把得到的几个谱段的图像经过适当处理,就便于对目标进行分类、区别及测定。这种方法称为多光谱技术。目前常用的多光谱照相等,就是把全色光分割成许多窄的谱段,采用不同的波段对物体照相,并将有关信息记录下来。

以拍摄水的四个波段的照片来举例:波长为 $0.5\sim0.6\ \mu m$ 的波段属于蓝绿光波段,它对水具有较强的透视能力,如果水中含杂质较少又比较清澈,透视深度可达 $10\sim20\ m$,有的甚至可达 $100\ m$;波长为 $0.6\sim0.7\ \mu m$ 的波段属于黄红光波段,对水具有一定的透视能力,特别是对混浊程度(如泥沙流)有鲜明的反映;波长为 $0.7\sim0.8\ \mu m$ 的波段属于红光和红外波段,在这个波段上,水对红外线有较强的吸收能力,通常呈黑色,而且水越深、越清,吸收红外线的能力越强,反映的色调越深;波长为 $0.8\sim1.3\ \mu m$ 的波段属于近红外波段,水的色调更深。因此从拍摄的照片中可分析水的清澈程度和水深情况,在不同波段上拍摄的植物照片,也能显示其差别,甚至能反映出是生长着的树木还是砍下的树木。

多光谱照相的另一特点是可以将各个波段的底片合成假彩色或真彩色照片来研究分析。把几张同一目标、不同波段的黑白多光谱底片放到一个配有红、绿、蓝等滤色片的光学系统中,投影到一个屏幕上,使它们严格重叠,合成假彩色或真彩色影像,使某些目标突出地显示出来,这样能为分析、判断目标提供更多的信息。例如,分析一张对一片海水的多光谱假彩色照片,其红色部分表示水深 $2\ m$ 以内的浅滩,黄色部分表示水深 $2\sim3\ m$ 内的水域,绿色和蓝色的部分表示较深的区域,因而对海水的深浅情况一目了然。

一、物质光谱特性

多光谱摄影机和多光谱扫描仪是利用各类地物在不同的电磁波段辐射(反射或发射)电磁波的特性的差异来工作的,因此,同一地物在不同波段图像上所呈现的影像色调或颜色就会有差别,这有利于区分地物间的微小差异,从而达到识别目标的目的。成像光谱就是在特定光谱域以高光谱分辨率同时获得连续的地物光谱图像,这使得遥感应用可以在光谱维上进行空间展开,定量分析地球表层生物物理化学过程与参数。高光谱遥感将确定地物性质的光谱与确定地物空间和几何特性的图像结合在一起。从空间对地观测的角度来说,高光谱遥感信息无论对地物理化特性的深层探索,还是对地物间微小差异的精细识别,以及对自然界的知识发现,都为人类提供了前所未有的丰富信息。

二、成像光谱仪原理

多光谱扫描仪是把地物反射和辐射的电磁波收集起来,经过能感受不同波长的探测敏感元件转变成电信号,用磁带记录下来,或直接传输给地面。成像光谱仪是在 20 世纪 80 年代中期根据红外行扫描仪和多光谱扫描仪等遥感仪的基本原理发展起来的。这种新型遥感仪具有扫描成像和精细分光两种功能,可以在多个光谱波段获取地面环境目标的图像。从成像功能上看,光学-机械扫描成像和采用大型列阵探测器件在平台运动中按推帚式扫描成像。这种技术方法均已成熟。只要在这两种光电成像仪器技术中增加分光光谱仪的功能,并组装成独立仪器体系,便能实现成像光谱仪器的功能。

多光谱照相一般可以有以下三种不同的方式。

第一种是多相机型多光谱照相,即利用两台以上的照相机同时对同一目标拍照,各台相机分别在不同的光谱波段工作,这意味着每台相机的镜头只允许某一波长的光通过,这样可以得到一套不同谱段的黑白胶片。

第二种是多镜头型多光谱照相,即一台照相机配有多个镜头,每个镜头只允许某一波长的光通过,几个镜头同时拍摄一个景物,在一张胶片上形成几幅不同谱段的黑白图像。

很显然,上述两种多光谱照相所用的镜头都涂有相应波长的增透膜或在镜头前加有相应的滤光片。

第三种是单镜头分光束多光谱照相,即采用分光器将来自目标的光分成若干波段,以单镜头多胶片方式进行照相。

这三种方法各有千秋,多镜头或多相机很难非常准确地对准同一目标,因而重叠性差,影响成像质量,但该方法灵活性好,分光束多光谱法所用相机结构简单,胶片重叠精度好,但几经分光,对蓝色光透射能量影响较大。总之,无论采用什么方法分光,多光谱照相的共同特征是把电磁波分成若干波段来摄取不同波段的信号,这也是多光谱电视、多光谱扫描和多光谱遥感的原理。

第二节 全息技术

随着 21 世纪衍射光学技术的发展,全息技术得到发展。"全息"(holography)即完全的信息——能够反映物体在空间时的整个情况的全部信息,也称为波阵面再现术。其原理是利用光的干涉和衍射现象,将物体反射的特定光波以干涉条纹的形式记录下来,并在一定条件下使其再现,形成与原物相似的三维像。整个过程由两步——波阵面记录和波阵面再现来完成。类似于对声音的录制和重放——声波通过编码记录在光盘上,再通过恰当的解码使原始声波再现。同传统的照相底板不同,人们在全息底板上看不到被拍摄事物的影像,只能看到像指纹一样密密麻麻的条纹,正是这些条纹记录下了物体的全部相貌信息——物波的振幅强度(被物体反射到底板上的光波振幅)、物波的相位(反应物体的纵深情况)。通过全息术,以干涉图的形式进行编码,并作为折射率变化记录在清晰的窗口上。解码时通过激光照亮全息图,并投射到全息图窗口进行再现。用这种技术照的像富有立体感,因而在检验技术、信息存储和立体电影方面有广泛的用途。

全息技术的核心——全息光学元件具有窄带光谱特性:对特定光谱范围内的光有80%左右的衍射效率,对目标及背景的整个可见光谱范围的光(除对应窄带光谱范围)有90%左右的透射率。离轴全息光学元件制作简单,体积和质量可以较小。全息光学元件因制作设备简单、成本低、质量小、体积小、准确度高、能产生独特光学效果等众多优点,在军用装备中有重要的应用价值,西方发达国家都投入了全息摄影和全息光学元件在军事上的应用研究。

全息投影技术原理图如图6-1所示。基于干涉原理和技术应用,将对象物体产生的光波信息详细地记录下来,经过激光辐照,被摄物体形成漫射物光束。同时,其他激光所起的作用是参照光束,在全息底片上与物光束二者叠加,即产生了干涉效应,此时,将物体光波位相与振幅进行转换,使其成为空间变化,基于干涉条纹之间的差异以及间隔,记录物体光波信息。在此过程中,底片经过显影以及定影处理后,即成为全息照片。完成以上步骤后,基于衍射原理对光波信息进行再现:经相干激光照射,衍射光波给出像,一个是原始像,另一个是共轭像。值得一提的是,再现图像具有较强的立体感,视觉效应也非常真实。全息图各部分均记录了对像物各点上的光信息数据,原则上各部分均可再现物的整个图像,多次曝光以后,同张底片之上能够记录很多个差异图像,并且互不影响地将其显现出来。

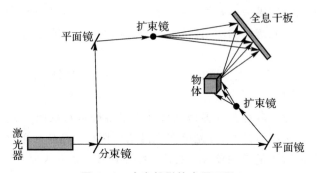

图6-1 全息投影技术原理图

人的两只眼睛所接受到的物体信号,传送到大脑以后,通过对物体远近判断,方可产生立体感。基于这个原理出现了偏光眼镜法,即以人的眼睛观察事物法,具体是将两台电影摄影机并列布设好,模仿人的两只眼睛,同步拍摄略带一定视差(水平方向)的电影画面。用户佩戴偏光眼镜以后,左眼仅能看到左边的图像,右眼仅能看到右边的图像,经双眼汇聚后将图像在视网膜上叠加起来,经大脑神经形成三维(3D)立体效果。摄影完成后,放映室内,在银幕上投放电影源,观众佩戴3D眼镜以后,即可观看图像。通过对上述3D眼镜观察和分析发现,镜片上有细小而又密集的各朝向条纹。其中,右镜为横纹,左镜为纵纹。基于上述条纹,能够产生效果比较好的3D立体效果。摄影完成以后,在双目效应下对图像进行分解,这样左眼仅看到偏左的画面,而右眼仅看到偏右的画面,大脑判断远近以后,就会生出一种立体感。放映过程中,偏左与偏右画面的投射光存在着一定的差异。虽然画面颜色没有区别,但是投影过程中所用的光传播路径却存在着较大的差异。比如,偏左与偏右的画面,分别为纵波光和横波光。基于偏振光自身的物理特性,纵波光仅能穿过纵纹,无法穿过横纹。在该种情况下,经左镜片仅能看到偏左边的画面,经右镜片仅能看到偏右的画面。从这一层面来看,分解重叠画面以后,左、右眼仅能看到偏向各侧眼睛的画面,在双目效应作用下,形成了立体感以及远近感,这就是视觉产生的生物特性。

一、全息屏显

航空飞行器中的各种仪表和多功能显示器给飞行员提供各种必需的驾驶和作战参数,如高度、速度、姿态、敌我状况等。除此之外,飞行员还需透过风挡玻璃进行目视,如飞机起飞和着陆时的地形变化,机场跑道的具体情况及障碍物等均需目视完成。为了不遮挡飞行员的视线,普通的显示仪器和仪表只能安装在飞行员周围(主要在前下方)。这样,飞行员看舱内仪表时就必须低头,看外界时又需抬头,特别是在起飞、着陆或作战等关键时刻,既易分散飞行员的注意力,又易造成飞行员的视觉疲劳和模糊。为此,人们期望在飞行员的目视前方有一个既能观察到各种显示信息,又能透过它观察到外部环境的显示装置,全息平视显示器就是能满足这一要求的显示系统。国外从1970年左右就开始进行各种全息平视显示器的研究,其中,大视场全息平显目前已经在各种军用飞机上大量装配使用。据国内外文献报道,目前军用的大视场全息平显有三种比较经典的光学系统设计,分别为离轴式、GEC-Marconi 式和 Z 型。全息平显主要是利用了全息光学元件对准单色光的高衍射率和对非衍射波长的高透射率的特点,使得显示器能安装在飞行员的正前方并清晰显示飞行和战斗所需要的相关信息,同时又不会妨碍飞行员透过显示器进行目视观察。其基本原理是利用阴极射线管(Cathode Ray Tube,CRT)发射的准单色光,通过一系列的中继透镜系统和反射系统,将所需要的信息和仪表图像透射到全息组合玻璃上。将全息术应用于组合玻璃,除扩大了视场,还同时使显示亮度和外界透过率等光度性能达到最佳(若采用非全息的平视显示器,是不容易使这两种参数同时达到最佳的)。

头盔显示器是一种能在飞行员头盔中显示飞行参数以及飞行员目视死角的视场的光电显示设备,主要用于军用飞机。其特点是使飞行员具有全方位的视野,在战斗中能迅速锁定目标和发射武器,同时能及时发现敌方武器的威胁。对头盔显示器的光学设计来说,减小质量是非常重要的,全息光学元件质量小、体积小的特点正好符合要求,运用了全息光学元件的头盔显示器称为全息头盔显示器,在这里,全息光学元件起到了扩大显示视场和提高光学效率的作用。头盔显示器中一般使用的是体积位相反射型全息图。使用全息头盔显示器时,飞行员的眼睛不会像平视显示器使用时那样具有相对组合玻璃的横向移动,故无需考虑"视差"在元件口径上的校正,而只需考虑在 1~6 mm 眼瞳尺寸的口径上的校正就可以了。此外,由于全息光学元件具有窄带光谱特性,全息组合玻璃还具有对 CRT 图像的高反射性(一般为 90%)和对外景的高透射性(一般为 90%)能力,而常规的组合玻璃的反射性和透射性分别为 90% 和 10%,所以,采用全息光学元件可提高图像质量。同时,利用全息技术对两眼有同等的透视能力,可避免头盔显示器设计中典型的双目竞争和深度感觉问题。

二、全息投影技术在军事测绘导航的应用

随着我军信息化建设进程的不断推进,军事使命多样化的趋势越来越明显。传统的测绘导航保障手段不能满足日益发展的新需求,需要向非传统测绘导航领域扩展,利用不断发展的技术促进军事测绘导航新质战斗力的生成。全息投影(Holographic Projection)技术在不断的跨越式发展,并逐渐走向成熟,在军事测绘导航领域的应用也越来越广泛,未来应重点关注和开展以下几个方向的研究和应用。

1. 全息地图

全息地图是将传统的二维平面地图转变为动态的、有立体感的、可全方位视角观看的地图。相对于传统地图,全息地图所反应的位置考虑比较全面一些。全息地图的视觉效果体验更真实、更具象,并且可在空间重叠,数据紧凑、便于读取。使用全息图存贮资料,具有容量大、易提取、抗污损的特点,适用战场环境下地图的存储和使用。

2. 全息数字沙盘

传统沙盘的搭建费时长,精度较差,重复使用率低。采用全息技术沙盘的模块化硬件可以实现重复使用,内容以数字影像方式存在,灵活可变,展示内容量巨大,可以满足从外部到内部、从整体环境到局部细节的多样展示,同时具有便携的特点,在随行保障方面有着更高的便捷性。

3. 全息战场环境

随着科技不断进步,全息投影技术方法可利用干涉和衍射原理记录并再现真实环境的三维图像。仿真三维战场环境,摆脱了传统的只顾平面,并且可以按照战场真实环境的空间位置使用多种视觉元素表现内容丰富的场景,能够更为直观地提供信息,并为重要决策做出准备,并提供行动支持。利用全息投影技术可以真实地还原各要素的空间相对位置,为军事行动和非军事类行动提供高空间感的仿真环境支持,为海陆空等作战人员提供更为直接、易感、有效的战场态势信息。

4. 选择性全息投影

该种技术手段仿真性非常高,而且强空间感具有一定的欺骗性,实践中多用于飞机、陆地车辆以及船舶等伪装,随着环境条件的变化而不断改变,这在现代军事领域的应用效果非常显著,比如可以提高武器作战效能。

三、全息夜视镜

夜视器材在现代战争中具有举足轻重的作用,几乎所有的大型武器系统都需要具备夜视功能。早在20世纪80年代就报道了比利时OIP Optics公司研制出一种轻型夜视护目镜,使用全息光学元件显示两种重叠的真实外界图像——透过全息元件的未增强的图像和全息光学元件背面反射来的光增强的图像。就夜视镜来说,全息光学元件的主要优点是具有极好的"透视"能力和包括周视在内的全景视场。这对一般夜视眼镜来说是一个非常重要的进展,因为一般夜视镜的视场要受像增强管视场的限制。全息透镜与一般透镜和反射镜不同:一般透镜和反射镜是以折射和反射的工作原理,而全息透镜则具有与光栅相似的结

构,采用衍射的工作原理。当外景被爆炸光、闪光和车灯等突然照亮时,像增强管就达到饱和状态,其对比度和分辨率就明显降低,图像就变得模糊不清。相反,全息夜视镜持久的"透视"能力使得佩戴者的眼睛能够自动适应环境光的突然变化,这时所看到的不是增强的图像,而是实际的外景图像,因而就不存在"看不清"的问题。全息透镜具有质量小、体积小和像质好的特点,可以在许多不同光学结构中应用。因此,全息夜视镜的体积比采用一般透镜的夜视镜更加紧凑。此外,衍射光学元件适合采用低成本的自动化制造工艺。

四、全息瞄准镜

全息瞄准器是一种适合近战使用的轻武器激光瞄准器,该瞄具采用一个投射到硬化玻璃制成的透镜上的全息图作为分划。与其他大多数"红点"电子瞄具不同,它不会使目标变暗,而是提供一个真实的目标分划,不仅可以提高捕捉目标的速度,同时还有助于估算提前量。它的瞄准速度是所有电子瞄具中最快的。这一性能在街区近距离巷战中尤其重要,因为在这种战斗中,快速瞄准目标是十分关键的。该瞄具能够快速瞄准目标的主要原因是它所提供的分划图是无视差的,可消除盲点,同时可以为整个目标区域提供一个无限制的、无失真的完整视场,射手只需双眼通过瞄具观察目标并且将瞄具分划对准目标即可(通过直觉就几乎可以自动使分划对准目标)。此外,全息瞄具的可靠性十分出色,即使它的镜片破裂或者被泥土或雪片遮住一部分,分划仍然会很清楚,瞄具也仍然可以使用。也就是说,只要显示镜有没被遮住的地方,全息瞄具就可以发挥作用。同时,全息瞄具还减弱了光信号特征,在正常情况下瞄准时没有向前投射的光。对敌方一个没有佩戴夜视镜的人眼来说,即使在全黑的环境下也是看不见全息瞄准镜的光信号的,从而隐蔽性更好。

第三节 光纤技术

纤维光学是光电技术领域中一个飞速发展的学科,它在21世纪信息化战场上的巨大应用潜力引起了各国军队的高度重视。光纤通信与电缆质量小通信相比具有以下优点:①信息容量大、中继距离远;②体积小、质量小、柔软易弯曲,敷设方便;③通信可靠、保密性强;④使用安全,没有接地和串音问题。美国海军已在"宙斯盾"级巡洋舰"约克城"号上试验"全光纤数据总线"系统,该总线将舰上的传感器、火控系统、武器装备连接成分布式计算机网络。

一、光纤通信

光纤通信是利用光波作载波,以光纤作为传输媒质将信息从一处传至另一处的通信方式,被称为"有线"光通信。由于激光具有高方向性、高相干性、高单色性等显著优点,光纤通信中的光波主要是激光,所以又叫作激光-光纤通信。如今,光纤以其传输频带宽、抗干扰性高和信号衰减小的特点,而远优于电缆、微波通信的传输,已成为世界通信中主要传输方式。

(一)工作原理

在发送端首先要把传送的信息(如话音)变成电信号,然后调制到激光器发出的激光束上,使光的强度随电信号的幅度(频率)变化而变化,并通过光纤发送出去;在接收端,检测器收到光信号后把它变换成电信号,经解调后恢复原信息。

(二)特点

(1)通信容量大、传输距离远,一根光纤的潜在带宽可达 20 THz。采用这样的带宽,只需 1 s 左右,即可将人类古今中外全部文字资料传送完毕。400 GB/s 系统已经投入商业使用。光纤的损耗极低,在光波长 1.55 μm 附近,石英光纤损耗可低于 0.2 dB/km,这比任何传输媒质的损耗都低。因此,无中继传输距离可达几十甚至上百公里。

(2)信号干扰小、保密性能好。

(3)抗电磁干扰、传输质量佳,电通信不能解决各种电磁干扰问题,唯有光纤通信不受各种电磁干扰。

(4)光纤尺寸小、质量小,便于铺设和运输。

(5)材料来源丰富,环境保护好,有利于节约有色金属铜。

(6)无辐射,难于侦听,因为光纤传输的光波不能跑出光纤以外。

(7)光缆适应性强,寿命长。

(8)质地脆,机械强度差。

(9)光纤的切断和接续需要一定的工具、设备和技术。

(10)分路、耦合不灵活。

(11)光纤光缆的弯曲半径不能过小(>20 cm)。

(12)有供电困难问题。

二、光纤制导

光纤制导技术就是采用光导纤维作为与发射中心之间的信息传输线路的有线制导技术。光纤将控制装置和武器连接起来,起着双向宽带通信线路的作用。从某种意义上讲,光纤制导类似于第二代反坦克导弹的有线制导,能承载的信息量比导弹大得多。光纤具有传输视频信号的能力,它可以把导引头上的成像探测器探测到的目标图像以及导弹飞行状态信息,同时传输到发射控制单元的信息处理系统,并把图像在显示器上显示出来。地面操作人员不必直接瞄准目标,而是通过显示器上的图像搜索、识别、锁定或跟踪目标。地面信息处理系统也可以根据导弹飞行状态信息和目标图像形成自动跟踪制导指令,再通过光纤传递给飞行中的导弹,把导弹准确地导向目标。由于采用光纤作为信号传输线,使得成像制导系统的信息处理装置放在地面发射装置中,从而减轻了导弹的质量,并可缩小导弹的体积而大大降低了导弹的成本,所以允许武器系统采用一些先进的智能系统和自动跟踪、自动驾驭、图像信息处理以及高级的计算机等制导技术设备。这就使得光纤制导导弹不仅在许多方面具备了目前先进的成像或智能战术导弹的作战功能,而且在一些方面具有其他独特的优点。

(一)光纤制导的优点

(1)可以采用盲射方式打击那些用瞄准制导机构所不能对付的目标,可以在导弹飞行过程中转换目标或精确地选择攻击点。

(2)光纤制导是目前唯一能对付远距离不在发射装置视域内利用地形隐蔽飞行的直升

飞机或低速运动目标的制导技术。

(3)许多智能系统装在地面发射控制装置中而不是装在弹上,这些先进而且昂贵的设备可以重复使用,这一方面可使导弹成本大大降低,同时也减少了导弹的无效载荷。

(4)不仅具有先进的发射后不管导弹的全部制导功能,而且人工能参与操作控制又能使光纤制导导弹的机动性优于目前的发射后不管系统。

(5)操作人员是通过导引头上的成像装置观测目标区图像、搜索、识别、跟踪目标或控制导弹飞行,而不必像其他常规导弹那样要求维持对目标的直接瞄准,因而操作人员可以利用地面隐蔽自己,防止敌方火力攻击,这就大大地提高了发射装置和人员的生存能力。

(6)光纤制导导弹采用的发射方法是垂直发射,升高到 200 m 左右转入水平飞行,这有利于在末段产生俯冲攻击坦克顶装甲的弹道,目前是反重装甲的最好方式。同时这种发射飞行方式可以使导弹在飞行过程中俯视目标区域。从而避开人为的或自然形成的战场烟尘干扰。

(7)由于光纤内传输的是光信号,而不是常规的电信号,所以对电磁干扰有极强的抗干扰能力。

(8)在同样的抗拉强度条件下,光纤的质量要比常规制导用铜导线的质量小得多,因此采用光纤制导信号传输线有利于实现远距离制导。

(9)光纤制导导弹从理论上讲作战距离可达 50~60 km,目前 FOG-M 一般大于 10 km,在 10~20 km 之间。

(二)光纤制导的缺点

(1)光纤制导信号线的放松问题限制了导弹的飞行速度。目前,光纤制导导弹的飞行速度仅达 150~200 m/s。

(2)光纤理论上优质的抗拉强度大于 240 kg/mm^2。

(3)如飞机距离远、速度低,就需要有较长的时间,这对发射点的生存能力来讲仍是个问题。

(4)光纤制导导弹受自然形成的战场烟尘的干扰后而误导目标影响较大。

三、光纤陀螺

光纤陀螺即光纤角速度传感器,是一种利用萨尼亚克效应测量旋转运动的传感器。萨格纳克效应是相对惯性空间转动的闭环光路中所传播光的一种普遍的相关效应,即在同一闭合光路中从同一光源发出的两束特征相等的光,以相反的方向进行传播,最后汇合到同一探测点。若绕垂直于闭合光路所在平面的轴线,相对惯性空间存在着转动角速度,则正、反方向传播的光束走过的光程不同,这就产生了光程差,该光程差与旋转的角速度成正比。因而只要知道了光程差及与之相应的相位差的信息,即可得到旋转角速度。

光纤陀螺和环形激光陀螺一样,具有无机械活动部件、无预热时间、不敏感加速度、动态范围宽、数字输出、体积小等优点。

光纤陀螺不但具有激光陀螺的优点,例如对重力加速度及其平方效应和交叉效应不敏感、动态范围大、可靠性高、结构简单、成本低,而且还有更佳的优点,即潜在灵敏度和精度高,解决了激光陀螺的"模式闭锁"问题,体积更小,成本更低,易于采用集成光路技术。21

世纪,光纤陀螺具有十分广阔的应用前景。专家分析,当漂移率为 $10°/d$ 时,中等性能的光纤陀螺便可满足战术导弹、车辆和小型舰船导航以及军用机器人控制的需要,而漂移率为 $0.01°/h$ 的高性能光纤陀螺则可满足飞机、远程战略导弹、航天飞行器和大型舰船的导航要求。

光纤陀螺最突出的优点如下。

(1)无运动部件,仪器牢固稳定,耐冲击和抗加速度运动。

(2)结构简单、零部件少、价格低廉。

(3)起动时间极短(理论上可以瞬间起动)。

(4)检测灵敏度和分辨率极高(可达 $10^{-7}\mathrm{rad/s}$)。

(5)可直接用数字信号输出,与计算机接口联网。

(6)动态范围极宽(约为 $2\,000°/s$)。

(7)寿命长,信号稳定可靠。

(8)易于采用集成光路技术。

(9)克服了激光陀螺因闭锁带来的问题。

(10)可以与环型激光陀螺一起作为捷联惯性系统的传感器。

光纤陀螺自 1976 年问世以来,得到了极大的发展。但是,光纤陀螺在技术上还存在一系列问题,这些问题影响了光纤陀螺的精度和稳定性,进而限制了其应用的广泛性。主要包括以下几个方面。

1. 温度瞬态的影响

理论上,环形干涉仪中的两个反向传播光路是等长的,但是这仅在系统不随时间变化时才严格成立。实验证明,相位误差以及旋转速率测量值的漂移与温度的时间导数成正比。这是十分有害的,特别是在预热期间。

2. 振动的影响

振动也会对测量产生影响,必须采用适当的封装以确保线圈良好的坚固性,内部机械设计必须十分合理,防止产生共振现象。

3. 偏振的影响

现在应用比较多的单模光纤是一种双偏振模式的光纤,光纤的双折射会产生一个寄生相位差,因此需要偏振滤波。消偏光纤可以抑制偏振,但是会导致成本的增加。

为了提高陀螺的性能,人们提出了各种解决办法,包括对光纤陀螺组成元器件的改进,以及用信号处理的方法的改进等。

光纤陀螺成本低、维护简便,正在许多已有系统上替代机械陀螺,从而大幅度提高系统的性能、降低和维护系统成本。现在,光纤陀螺已充分发挥了其质量小、体积小、成本低、精度高、可靠性高等优势,正逐步替代其他型陀螺。

今后光纤陀螺的研究趋势如下。

(1)采用三轴测量代替单轴,研发多功能集成光学芯片、保偏技术等,加大光纤陀螺的小型化、低成本化力度。

(2)深入开发中、低精度光纤陀螺的应用,特别是民用惯性导航技术。

(3)加强精密级光纤陀螺的技术与应用研究,开发新型的光纤陀螺如布里渊光纤陀螺(Brillouin Fiber Optic Gyroscope,BFOG)和光纤环激光器陀螺仪(Fiber Ring Laser Gyroscope,FRLG)等。

第四节 紫外光学

一、紫外告警

紫外告警就是利用火箭、导弹或飞机等在发射、飞行中有紫外辐射的特征来发现目标的。军用紫外技术应用最为广泛且装备量最大的就是紫外告警。紫外告警按照工作原理可分为近地大气紫外告警系统和天基紫外告警系统。

当近地大气紫外告警系统在海拔高度小于 50 km 时,典型的低空火箭燃料燃烧特征辐射中,均存在较强的紫外辐射。如果紫外告警的工作波段在 200~300 nm 的日盲区,太阳中这一波段的紫外辐射在近地大气中几乎没有,背景非常干净,那么导弹或者火箭的紫外辐射就在全黑的背景上出现亮点,从而可以发现来袭目标而发出警报。日盲紫外告警系统的主要工作是检测目标的日盲紫外辐射信号,并对信号进行处理,然后输出目标的相关信息。该系统的组成如图 6-2 所示,从图中可以看出,典型的日盲紫外告警系统一般包括信号探测装置、信息处理装置和结果输出装置。信号探测装置包括大视场紫外光学物镜、日盲紫外滤光器、日盲紫外探测器。一般情况下,紫外告警系统包含若干个信号探测装置,组合起来实现全方位、大范围的覆盖检测。

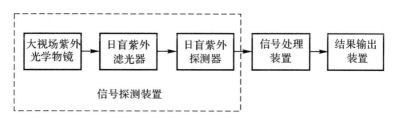

图 6-2 紫外告警系统组成

紫外告警系统的工作原理:光信号先入射到紫外光学物镜,然后利用日盲紫外滤光器对其进行滤波,再由紫外探测器接收,然后利用光电转换将信号传送到信号处理装置;信号处理装置对信号做预处理后送入计算机中,中央处理器依据目标特性及预定算法判断目标是否存在威胁,若存在,则计算其方位、距离等信息,并将信息传送给结果输出装置,若存在多个威胁源,则按危险等级排序。

紫外告警设备具有以下优点。

(1)虚警概率低。因为处于日盲区,避免了最强烈的自然光干扰,同时由于空间产生的紫外背景辐射较少,所以降低了信号监测的难度,并降低了虚警率。

(2)灵敏度高。紫外告警系统是一种非常强大的信号检测设备,其最小探测功率可以高达 10~14 W。通过分析目标的时间、运动和辐射特征,实现了对运动目标的快速响应。

(3)隐蔽。紫外告警系统是一种无源检测技术,它不会发出电磁波,因此可以降低对目标暴露的可能,从而实现隐蔽。

(4)结构简单。紫外告警系统采用凝视探测,具有固定的视场,无需冷却和扫描,因此结构简单、质量小、体积小。

由于紫外光受大气散射的影响,在作用距离上比红外告警要小(约在 5 km),但是紫外告警工作在日盲区,紫外背景干净,所以信号检测要相对容易。

作为一项 20 世纪 80 年代末才发展起来的新型光电告警技术,紫外告警经过 30 多年的迅速发展,已经成为装备量最大的导弹来袭告警系统之一。现已发展出两代系统:第一代概略型导弹逼近紫外告警系统采用单阳极光电倍增管为探测器件,具有体积小、质量小、虚警低和功耗低的优点,但角分辨率不高、灵敏度低;第二代成像型导弹逼近紫外告警系统采用多元或面阵器件为核心探测器,它的角分辨率高,探测能力强,可对导弹、飞机进行分类识别,不仅能引导烟幕弹、红外干扰弹的投放,还能引导定向红外干扰机,具有多目标探测能力,因此具有优异的技术性能,是紫外告警发展的主导潮流。

天基紫外告警系统还有一类是天基紫外告警系统,处于卫星轨道平台上对战略导弹、战术导弹以及高空战略轰炸机等目标进行探测和预警。太阳光中波长范围在 200~300 nm 这一波段的紫外辐射几乎被地球的臭氧层所吸收,只有极少数的自然太阳光到达地面,也就是说没有什么紫外光会反射到大气层外,因此在大气层外观察到的以地球为背景的辐射光谱中,波长为 200~300 nm 的紫外辐射非常微弱,并且背景辐射非常平滑。对于运行在海拔 50 km 以上的洲际导弹、战略导弹以及高空战略轰炸机等,它们的紫外辐射特征(如发动机尾焰或者高速飞行的导弹前段产生的冲击波等)均有大量的紫外辐射,这些已经足以使天基紫外导弹告警系统上的探测器响应。

二、紫外制导

紫外制导的工作原理与紫外告警的原理相同,可以利用 300~400 nm"紫外窗口"波段,此时近地面军事目标(如直升机)会改变大气散射的太阳紫外辐射分布,而在均匀的亮背景上形成暗点,用紫外光跟踪制导,引导导弹对目标进行攻击。用紫外光来鉴别可以大大避免不必要的红外干扰源,从而提高目标的探测能力和抗红外干扰能力,这大大提高了导弹的作战性能。

为了增强导弹的抗干扰能力,多模制导已经广为应用。红外-紫外双色制导是地空便携式导弹采取的制导方式之一。紫外制导利用紫外能量比鉴别红外干扰和背景源,大大提高了导弹的探测能量和抗红外干扰能力。

三、紫外通信

紫外通信是一种工作于日盲紫外波段的新型安全保密通信技术,它穿过大气时,会与大气层中的微粒产生强烈的散射,把所携带的光信号传送给接收器,以达到信息发送与接收的目的。由于散射性强,它可以绕过障碍物进行安全通信。紫外安全通信系统由紫外发射器和紫外接收器组成。其基本原理就是把紫外光作为信息传输的载体,把需传输的信息加载到紫外光上,以实现信息的发送和接收。

与常规通信方式相比,紫外通信是一种新型的通信手段,具有局域性、非视距工作模式、抗无线电干扰、对机场及机场电子设备无影响、敌方不可侦听等优点,因此可以满足"无线电静默"环境中的作战编队区域通信,以及特种部队作战的通信。

紫外光在传输过程中由于大气分子、悬浮颗粒的吸收和散射,能量衰减很快,所以它是一种有限距离通信,在通信距离以外,敌方难以获得足够的紫外辐射信号,即使是探测紫外辐射信号,由于大气散射作用,也很难从这些散射信号中判断,所以紫外通信难以被侦听,保密性很好。

另外,由于紫外光具有较大的散射特性,所以它不仅可以定向通信,也可以进行类似无线电波的大角度非视距工作模式,克服各种地形障碍,并能绕过障碍物进行保密通信。同时,紫外通信系统具有小型、轻便、模块化的优点,系统大小可以根据通信距离的要求进行组合。因此,紫外通信适合于隐蔽部队之间的秘密通信,特别适合于海军舰艇部队在执行战略行动时的通信,也可用于船舶和岛屿之间的安全通信。海军舰艇在作战行动中一般保持"无线电寂静",仅仅采用旗语或者灯光进行联络有很多缺点。当舰队需要保持无线电静默时,中心舰艇上的紫外发射器可以在水平方向辐射紫外信号,通信设备可实现编队内所有舰船的通信。当航母和舰载机起飞和降落时,这个系统同样适用。紫外通信也可以用于地面部队方舱之间的短程通信,从而降低后勤人员的工作量,节约收发和卸载所需要的时间,缩短通信设施和电线的安装和拆卸,并减小方舱间树木等障碍物的影响。

另外,紫外通信也适用于空间飞行器与卫星之间的秘密通信。星间紫外通信是一种抗干扰的安全通信,可以作为天基综合信息网络中的星间抗干扰、抗高功率武器、抗激光武器破坏的安全保密通信技术。通过外场测试,证明了低功耗紫外通信在短距离非视场通信中的一些基本性能。

使用紫外通信替代这种简单的联络方式,不仅可以全天候工作,而且保密性好、速度快、传送信息量大。紫外通信可作为一个独立的网络单元与现通信网实现互联互通,具有很大的发展潜力。

四、紫外侦察

紫外侦察主要是针对产生紫外辐射或反射强的目标进行探测的,其所接收到的辐射是整个系统工作频带内的积分能量。在近紫外波段,紫外侦察系统主要是利用军事目标对太阳光中紫外辐射反射率的差异进行探测的,适用于航空器和地面平台等对目标的侦察。工作在"日盲区"的紫外侦察设备,还可以检测到枪支、炮口等武器闪光中的紫外成分,用于侦察巷战中的武器,以评估其发射方向。随着科学技术的飞速发展,紫外侦察技术正向着先进的紫外超光谱侦察方向发展。紫外超光谱智能侦察是一种立体探测技术,包括方位的两维和光谱中波长一维。紫外侦察相比传统的侦察手段能够更好地捕捉目标的细微特点,因此得到了迅猛的发展。

第五节 微波光子

微波光子学是微波学和光学融合而产生的新兴学科领域,是研究光与微波相互作用,以及将二者融合应用的一门学科,即利用光子学的方法实现微波和毫米波信号的产生、分配、控制和处理等过程。微波光子技术融合了微波与光波的主要优势,尤其是光的若干特性能够使得以微波光子技术为基础的系统在性能上得到极大提升。其具体优势如下。

(1)宽带性:光波所处的频段很高(典型的约 200 THz),与现阶段典型应用的微波频段相差至少 5 个数量级,任何的宽带微波信号相对于光载频来讲都可以视为窄带单频信号,因此在大多数光处理环节中可以有效避免幅频响应不平坦和色散等问题,从而大大提高系统对于宽带信号的适应能力。

（2）并行性：光能够并行传播互不干扰，再进一步结合波分复用、偏振复用等技术能够方便地实现信号的并行处理，从而满足系统的阵列化应用需求。

（3）小型化：光的波长远远小于微波，从理论上讲能够支撑更小特征尺寸的集成器件，集成化的潜力上来看远远优于微波。因此，光器件有望在系统层级上实现更高水平的集成化和小型化。

（4）抗电磁干扰性：光信号在波导或者光纤中传播时，通常情况下不易受到外界电磁辐射影响，而自身也不易发生信号的泄露，或者即使泄露也会由于衰减和高度的定向性而不容易被截获，因此基于微波光子技术实现的军用电子信息系统具有更好的电磁兼容性、抗干扰性和保密性。

鉴于微波光子技术的以上优势，近年来国内外对微波光子技术在雷达、电子战、通信等军用电子信息系统中的应用给予了高度关注，并取得了一系列研究成果。

一、雷达系统中微波光子技术的发展情况

在信息化条件下，战场环境变的极为复杂。雷达作为感知目标的关键系统，对其功能和性能的要求越来越高，并且要不断提升抗干扰的能力。例如，要求雷达具有更大的工作频段来提升其多任务适应能力和跳频抗干扰能力，或具有更大的瞬时带宽来提升成像探测精度。微波光子技术的宽带性、并行性等优势，为雷达技术的发展推开一扇崭新的窗户。

早在20世纪80年代末，由美国国防高级研究计划局(Defense Advanced Research Projects Agency, DARPA)率先开始进行微波光子雷达的相关研究。将微波光子雷达划分为三个阶段：第一阶利用微波光子链路来解决高线性、低损耗的传输问题；第二阶段利用光控波束形成来解决波束倾斜、孔径渡越等问题；第三阶段利用微波光子前端、微波光子变频来解决全系统的宽开问题。在这一阶段，DARPA设立了诸多项目，包括"高线性光子射频前端技术(PHORFRONT)""光子型射频收发(P-STAR)""适于射频收发的光子技术(TROPHY)""超宽带多功能光子收发组件(UL-TRAT/R)""光任意波形产生(OAWG)""可重构的微波光子信号处理器(PHASER)""大瞬时带宽AD变换中的光子带宽压缩技术(PHOBIAC)""模拟光信号处理(AOSP)""高精度光子微波谐振器(APROPOS)"等。

欧盟在微波光子雷达上也投入了大量的人力和财力。世界十大防务集团之一——意大利芬梅卡尼卡集团认为微波光子雷达系统的发展要分四步走，分别为光子辅助射频系统、基于光子的复杂射频功能、光子取代部分电子技术，以及全光子的雷达系统。其发展思路与DARPA所提出规划的不谋而合，这代表了目前微波光子雷达发展的典型路径。基于此，欧盟设立了"全光数字雷达"(PHODIR)项目，其目标是设计和实现基于光子技术的全数字式雷达验证装置。在PHODIR项目的基础上，设立了"与工业化光子雷达设计"(PREPaRE)项目，以期将PHODIR项目的光子雷达推向工业化。2013年，意大利国家光子网络实验室完成了全光架构的相干雷达系统构建，并对民航飞机进行了距离和速度参数的实际测试，引起了社会的极大关注。

与此同时，俄罗斯也一直关注微波光子雷达技术的发展。2014年，俄罗斯最大的无线电子设备制造商——无线电电子技术联合集团(KRET)公开宣布，受俄罗斯政府资助开展

"射频光子相控阵"(ROFAR)项目研究。根据俄罗斯塔斯社最新报道称,ROFAR采用分布式系统,可以发射带宽高达100 GHz的信号,发射机能效大于60%,可以对几百千米外的物体实现3D成像。相对于传统雷达,ROFAR雷达的系统质量降低了50%,分辨率可以提升数十倍。未来,这些射频光子相控阵单元有望用于俄罗斯"智能蒙皮"计划中和第六代战斗机上,实现集无源侦收、有源探测、电子对抗和安全通信多功能于一体的360°全覆盖扫描以及机上资源的一体化调度。

二、电子战系统中微波光子技术的发展情况

由于电子战系统对宽带性的需求非常突出,因此微波光子技术在电子战系统的应用得到了各国的极大关注。

澳大利亚国防部报道,微波光子链路的动态范围和损耗已经达到了电子战的要求,并成功应用于P-3C猎户座海上巡逻机的ALR-2001型电子支援措施(Electronic Support Mensures,ESM)设备中。微波光子链路在ALR-2001系统中替代传统微波电缆有两种方案:一种是仅用于将前端(Front End Receiver,FER)与宽带接收机(Wide Band Receiver,WBR)或窄带接收机(Narrow Band Receiver,NBR)之间的长微波电缆用微波光子链路替代;另一种是在天线之后使用微波光子链路进行宽带信号传输,而前端被后移到靠近接收机或者集成到接收机内部,甚至由于微波光子链路具有宽带信号的传输能力,用于划分多个子频段的前端可以被省略,进而有效的简化系统架构和提升综合性能。

对电子战侦察来讲,同时多波束形成是提升系统侦察能力的一项非常有前景的技术,2011年,BAE公司的电子战光控子系统(Electronic Warfare Optically Controlled Subsystem,EWOCS)电子侦察项目报道了面向机载电子侦察(ESM)应用的宽带光学多波束样机,微波光子以其宽带、并行的特点,能够以较小的硬件规模同时实现多个特定指向的高性能宽带波束。

三、微波光子技术的发展趋势

(一)向全光化发展

当前,虽然微波光子技术在电子战、雷达、通信系统中的应用已经得到验证,并展现出了明确的技术优势。但是,光处理技术体系的支撑能力不足、光处理环节的连贯性缺失的问题客观存在,这严重限制了微波光子技术优势的全面发挥。例如,目前基于微波光子的军用电子信息系统如果包含多个不同的微波光子处理单元,那么通常需要经过反复的电-光、光-电转换才能进行信号的传递。而电-光、光-电转换的效率较低,会导致严重的插入损耗,进而恶化系统的噪声系数、灵敏度、动态范围等关键性能。此外,这些不同的微波光子处理单元之间采用微波接口,又形成了带宽方面的制约,使得光学处理在超宽带方面的优势难以充分发挥。

解决上述问题的途径是向全光化发展:①在军用电子信息装备的更多处理环节中采用微波光子技术,力争实现系统"全流程光处理",这需要继续深入探索基于光学手段的信号处理方法和实现途径,以更加完善的微波光子处理技术体系作为支撑;②实现光处理单元之间的全光连接,取消微波转换接口,进而消除带宽传输瓶颈,并显著降低微波光子系统内部的

信号插损,提升系统关键性能。

(二)向多功能综合化发展

首先,多功能综合化是军用电子信息装备发展的大趋势。一方面,作战平台的资源有限,难以满足越来越多的载荷需求,多功能综合化有利于提高资源利用效率;另一方面,多功能系统能够更加灵活有效地应对作战任务的变化。因此,目前国内外都在积极开展军用电子信息系统的多功能综合化研究,希望以统一的系统架构兼顾实现电子战、雷达、通信等多种功能,从而显著提升系统的综合作战效能。而微波光子作为军用电子信息系统发展的一条重要技术路径,适应综合化的发展趋势理所应当。

其次,微波光子技术已经初步具备了探索多功能综合化实现途径的条件。目前,基于微波光子技术的电子战、雷达、通信系统均已分别得到了实现,且技术成熟度已接近工程化。更重要的是:一方面,微波光子技术的典型优势是超宽带、并行性,以宽带为基、并行为辙,能够为多功能融合的实现提供有力支撑;另一方面,上述各种微波光子系统在架构组成上具有若干功能相同或相近的共性单元,如阵列微波光子前端、收发光学波束形成网络、相干光学上下变频单元等,若干关键核心技术已经得到突破,在此基础上开展多功能、综合化研究可谓"顺水推舟"。

(三)向集成化发展

一方面,无论是从民用领域的电子用品,还是从军用电子信息装备的发展历程来看,集成化都是必然的发展方向。集成化不仅能够带来体积、质量、功耗的显著降低,同时对提升系统的可靠性、稳定性和一致性也具有非常重要的意义。另一方面,集成化也是支撑军用电子信息装备实现跨平台应用,特别是适应小型化平台的重要条件。

光的波长远比微波小,因此理论上能够适应更小尺寸的集成波导,这对于实现集成化是十分有利的。当前,国外的微波光子系统研究已经在广泛尝试运用集成器件和功能芯片。因此,微波光子技术要想在军用电子信息装备中得到更加广泛和深入的应用,就必须走集成化的道路。否则,即使能够实现更优的性能,也将因为无法满足平台的使用要求而被放弃。

微波光子技术的军事应用前景非常广泛,不仅可以作为军用电子信息系统的核心技术体制,推动电子战、雷达、通信等系统的技术演进,向更强功能、更高性能发展,并广泛应用于陆、海、空、天、弹等各种作战平台中。同时,结合光传输技术在远距离、大带宽、高保真方面的一系列优势,还有望支撑我军构建基于微波光子处理与传输于一体的军用电子信息作战体系,实现多级、广域的信息化协同作战,显著增强我军的信息化作战能力。

第六节 量子光学

量子成像是一种利用光子间的关联性进行成像的新技术,也称"鬼成像"或关联成像。量子成像这一范畴,包括基于纠缠光源的量子成像、基于经典光源的量子成像和主动光场调制的量子成像三大技术路线。

量子成像最大的特点就是实现了物像分离,因此得名"鬼成像"。现有的军事伪装技术,无论是隐藏坦克与士兵的烟雾弹,还是隐形战机或军舰上涂覆的高科技吸波材料,在"鬼成像"面前都是"小巫见大巫"。"鬼成像"不仅能够"明辨是非",还能以前所未有的灵敏度,获取比传统探测手段更多的战场信息,或将成为未来战场"游戏规则"的改变者。

作为量子光学的一个重要分支,量子成像并没有走透镜成像的"经典之路",它的最大特点就是物像分离。量子成像能利用两个探测光路分别对物体的空间分布和强度分布进行探测,其中任何一路信息都无法单独成像,唯有两路信息共同探测,才能通过测量进行关联成像。这就好比我们在室外安装一个探测器后,只需要在室内再配置一个探测器进行采样,就可做到"不出门而尽知门外事"。正是这种打破常规的方式,才使得量子成像得名"鬼成像"。

近年来,研究人员通过提出"差分鬼成像""机构化图像重构"等技术方案,大幅度提高了量子成像的质量,甚至实现了对动态目标的成像。

量子成像最基本的框架:光源发出的光被分为两路,其中一路光经过待成像物体,并由一个无空间分辨能力的单探测器在物体后方接收信号,这路常被称为信号光路;另外一路光被一个具有空间分辨能力的探测器接收,该路常被称为参考光路。对两路探测器接收到的信号进行关联运算,就能得到物体的图像。基于纠缠光源和经典光源的量子成像都是以这一框架为基础的。而主动光场调制的量子成像则使用了在传统量子成像研究中发展出的一种新的量子技术——光场调制技术,它使量子成像上升到了一个新的台阶,并发展出了单像素成像、单光子扫描成像和非视域成像三种新型成像方式。

一、基于纠缠光源的量子成像

如图 6-2(a)所示,激光泵浦 BBO 晶体($\beta\text{-BaB}_2\text{O}_4$)产生纠缠光子对,两个光子被分开后,其中一个光子通过物体,并被放置在信号光路的无空间分辨能力的桶探测器所检测,另一个光子被放置在参考光路的平面扫描装置来探测。只探测其中一路的光子是无法恢复出物体图像的,但当两路同时进行双光子符合测量时,竟奇迹般地复现出了高对比度的物体图像,如图 6-2(b)所示。这项违反人们直觉的实验,证实了纠缠的光子具有非定域成像的特性。这种基于纠缠光的量子成像方式具有高对比度的优点,但由于纠缠光难以制备且纠缠光源亮度低、探测效率低、易受杂散光影响等,纠缠光量子成像在实验室以外的实现和应用受到了限制。

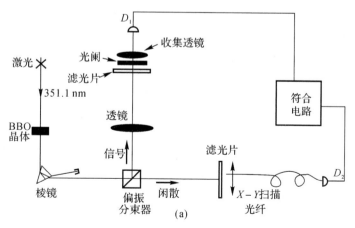

图 6-2 纠缠光量子成像原理图与实验结果图
(a)成像原理图

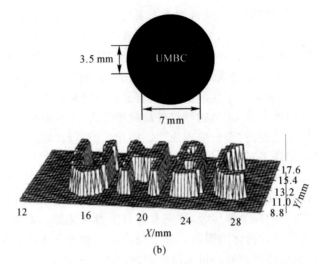

续图 6-2 纠缠光量子成像原理图与实验结果图
(b)实验结果图

这种利用量子纠缠特性或光场强度关联获取物体信息的新型成像方式,有一双看穿战场上各类隐身方式的"慧眼"。2014年,美国陆军研究实验室进行了量子成像关键技术研究,研究人员对2.33 km外的目标进行成像实验,在低光照和气流紊乱的情况下,获得了极为清晰的目标图像。同时,美军还开展了一系列量子成像侦察卫星相关技术研究,旨在进一步提升情报信息获取、侦察监视能力。

二、基于经典光源的量子成像

使用多种经典热光源来实现量子成像有着重要的意义。但在2014年以前,无论是使用旋转毛玻璃的赝热光量子成像,还是使用铷灯的真热光量子成像,都是使用人造光源来实现的。2014年,中国科学院物理研究所的吴令安等人首次利用太阳光这一自然光源实现了无透镜量子成像,成像原理图如图6-3所示。由于太阳光是一种易获取且廉价的热光源,所以这项研究使得热光量子成像技术从实验到实际应用更近了一步。

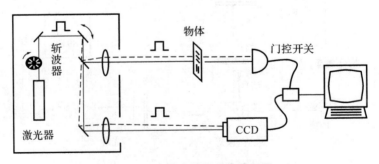

图 6-3 经典光量子成像原理图

三、主动光场调制的量子成像

1. 单像素成像技术

随着微电子技术的进步,相机所使用的阵列感光器件已达到上千万甚至上亿的像素。但是,逐渐增加的像素数量也加重了数据存储和转移的负担。而单像素成像技术使用仅有一个像素的探测器,就能实现成像的功能。相比于阵列探测器,单像素探测器的响应速度极快,并且灵敏度高。单像素成像的技术路线有前调制型和后调制型两种。

如图6-4所示,前调制型(也称结构照明)是在物体前放置液晶空间光调制器(Spatial Light Modulator,SLM),用一组调制后的结构光照射物体,在物体后用单像素探测器记录光强,这种成像方式也就是前文介绍过的计算量子成像,后调制型(也称结构探测)则为在物体后放置SLM,探测器用来接收一组被调制后的物体像的光强。

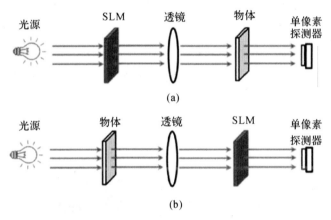

图6-4 基于SLM的两种单像素成像方案
(a)前调制型(结构照明);(b)后调制型(结构探测)

单像素成像技术也可用于三维成像。相比于二维的单像素成像,三维单像素成像除记录光强外,还需获取光子的到达时间信息,进而通过关联运算的方法得到场景中每一点的深度信息和反射率。二维单像素成像实验结果如图6-5所示。

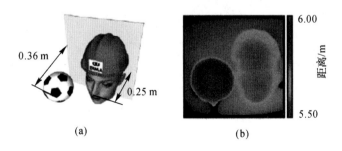

图6-5 三维单像素成像实验结果
(a)待成像场景;(b)重建的场景深度图;

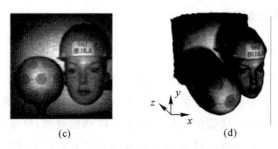

(c)   (d)

续图 6-5　三维单像素成像实验结果

(c)重建的场景反射率；(d)场景的 3D 图像

2. 单光子扫描成像

单光子扫描成像技术利用激光器主动发射激光到目标物体上，使用扫描振镜调制光场来对物体表面各点进行扫描，通过探测和处理物体的散射光信号，即可得到物体的反射率和深度信息，从而重建出物体的三维图像。当目标物体距探测系统较远时，从目标返回的光强将低至单光子的水平，需要利用单光子雪崩二极管(Single Photon Avalanche Diode，SPAD)进行探测。单光子探测技术不仅可以使探测灵敏度达到单光子的水平，而且可以达到皮秒(ps)级的时间分辨率，这些使得单光子扫描成像技术兼具优秀的探测性能和距离分辨能力。单光子成像实验系统示意图如图 6-6 所示。

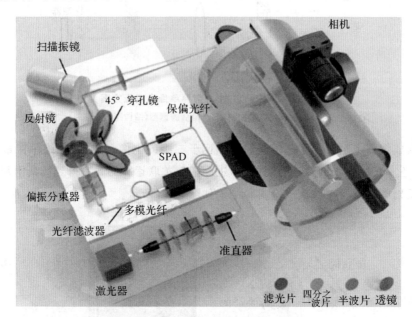

图 6-6　单光子成像实验系统示意图

3. 非视域成像

非视域成像是一种对观察者视域之外的物体进行成像的方式，其基本原理：主动发射一束光,通过墙和隐藏物体的多次漫反射探测返回来的光子。如图6-7所示,简单来说,激光首先打到墙上,经过漫反射过程而弥散到整个空间(第一次漫反射),然后光打到隐藏的物体上,再从隐藏的物体返回(第二次漫反射),然后通过墙回来(第三次漫反射)而被探测器接收,之后配合计算成像的算法对接收到的光信号进行处理,即可重建物体的图像。

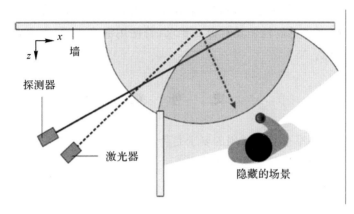

图6-7 非视域成像场景示意图

以引发人们广泛关注的"鬼成像卫星"为例,这个未来战场的"透视眼",能够识别和追踪空中隐身目标,一旦研制成功将颠覆侦察与反侦察的战场"游戏规则"。量子成像卫星有两个摄像头,一个用于瞄准感兴趣的目标区域,另一个用于测量环境中的光场变化,通过合并分析两个摄像头采集的信息,就可以得出隐形目标的图像。量子成像可以从广泛的光谱中收集数据,因此对人眼而言,量子成像产生的图像比雷达图像看起来更加"自然"。

量子成像不仅拥有洞察战场态势的高灵敏度"慧眼",还具有集各类"智慧"于一身的诸多优势。量子成像对光源的要求其实没那么严苛,太阳、月亮甚至荧光灯都可以用来照亮目标。只要参照物发出的光足够强,即便是很微弱的光也可生成高质量的目标图像。传统光学成像常常因大气湍流发生随机散射,量子成像技术对大气湍流等具有"天生"的"免疫力"。

量子成像还拥有灵敏的"嗅觉"。研究表明,量子成像技术除可识别目标的物理性质外,还能辨别出化学成分。这就意味着,即便是在机场放置战斗机形状的诱饵或隐藏在伪装网下的导弹发射装置,同样逃不出量子成像技术的精准探测。

目前,世界上已有10多个著名实验室在开展量子成像理论与技术研究。欧盟早在2001年就开始了"欧盟量子成像研究计划",旨在对量子成像信息进行并行处理,并探索利用量子成像技术突破当前成像品质极限的方法。美国国家自然科学基金会、美国海军研究局、美国国防部高级研究计划局等相继投入大量资金开展量子成像研究,发力的重点正是这种改变"游戏规则"的颠覆性技术。

经过20多年的发展,量子成像技术日渐成熟,未来将在战场成像、雷达探测等军事领域发挥重要作用。将量子成像应用于遥感探测,不仅能对各类目标进行识别,还具有成像速度快、抗侦察、抗干扰等诸多优势。量子成像技术与其他情报收集手段也能实现很好的融合,甚至可装配在无人机上用于评估战场破坏程度。

在军事医学和搜救行动中,量子成像技术也可作为非相干 X 射线源,实现相关医学成像应用。同时,在量子保密通信、量子计算、量子断层扫描中,量子成像技术也有广泛的应用前景。

当然,实现量子成像,目前还面临着许多技术上的难题。例如:在量子成像卫星上使用自然光源进行探测,对传感器性能具有极高要求;若使用激光光源,则需要较大的功率才能探测到较远处的目标。

思 考 题

1. 高端光学技术在军事领域应用的要求是什么?
2. 基于全息技术的全息瞄准镜有何特点?
3. 多光谱在无人机上使用的优势是什么?
4. 量子成像的缺点有哪些?
5. 微波光子在电子战中可能有哪些应用场景?
6. 紫外光的波段是什么?它有什么特点?
7. 基于光纤陀螺的惯性测量装备,其精度受到哪些因素的影响?
8. 多光谱和高光谱的区别是什么?
9. 多光谱和全色数据有什么区别?
10. 光纤制导有何对抗技术?

参 考 文 献

[1] 戚蒿,李一凡,邓冠华.LBL声学定位技术在深水膨胀弯测量中的应用[J].船海工程,2017,46(5):164-166.

[2] 金博楠,徐晓苏,张涛,等.超短基线定位技术及在海洋工程中的应用[J].导航定位与授时,2018,5(4):8-20.

[3] 刘磊.声纹识别算法在军事通话中的研究与实现[D].沈阳:东北大学,2014.

[4] 王丹,陈伟,李晨希,等.声纹识别助力"全面感知"智慧城市建设[J].中国安全防范技术与应用,2020(5):11-16.

[5] 孙立华,田武洲.数字指纹声纹技术助力军事反恐领域[J].军事文摘,2017(7):14-16.

[6] 付进.长基线定位信号处理若干关键技术研究[D].哈尔滨:哈尔滨工程大学,2007.

[7] 王珊.声探测定位系统的设计与实现[D].太原:中北大学,2018.

[8] 靳莹,杨润泽.声测定位技术的现状研究[J].电声技术,2007(2):4-8.

[9] 刘传忠.声纹识别及其在军事领域的应用研究[J].数码世界,2018(2):250-251.

[10] 廖延彪.成像光学导论[M].北京:清华大学出版社,2008.

[11] 赵凯华,钟锡华.光学:重排本[M].北京:北京大学出版社,2017.

[12] 陈波,杨阳,耿则勋.自适应光学技术及其军事应用[J].火力与指挥控制,2011,36(8):160-163.

[13] 王修齐,张磊,沈忱.虚拟现实新技术军事应用初探[J].电脑知识与技术,2018,14(29):251-253.

[14] 王永仲.现代军用光学技术[M].北京:科学出版社,2003.

[15] 李海燕,胡云安.军事应用光学[M].北京:国防工业出版社,2015.

[16] 大卫·H.蒂特顿.军用激光技术与系统[M].程勇,等译.北京:国防工业出版社,2018.

[17] 刘松涛,王龙涛,刘振兴.光电对抗原理[M].北京:国防工业出版社,2019.

[18] 王玺,方晓东,聂劲松.军用紫外技术[J].红外与激光工程,2013,42(增刊1):58-61.